目標絕對達成術

目標達陣大師告訴你一定能實踐的目標管理術

三谷淳　著
黃瑋瑋　譯

最高の結果を出す
目標達成の全技術

序

這是一本傳達「要怎麼做才能夠達成目標」的書。

然而，我想要傳達的內容不僅限於此。

「雖然年初才設定好目標，卻馬上就感到厭煩了。」

「一旦計畫在中途被打亂的話，就會因為內心受挫而放棄。」

「即使上司指定了目標，但是自己覺得不可能達成，所以不會認真執行。」

你也有過這些經驗嗎？

如果你曾經有過這些想法也沒關係。讀了這本書之後，你一定可以達成目標。

請容我稍微述說一下個人的事。

小學時，我只花了八個月的時間準備考試，就考上了知名私立中學，在大學三年級時，我以最小的年紀考取國家考試中被認為最困難的律師考試。現在，我不僅是負責多家企業的顧問律師法人代表，也是稅務士法人代表以及諮詢公司代表，共三個法人代表。

看了我的這些經歷，應該有人會說：「他就是那種不管做什麼事都會成功的人吧！」「反正他不會懂無法達成目標的人的感受吧！」然而，事實絕非如此。

我不但經常設定了目標卻無法達成，還嚐盡了許多失敗及挫折。

我曾經因為學校的社團活動，還有因為興趣而去挑戰運動和音樂，卻都不怎麼順利。尤其是在高中時期加入游泳社的那段日子，不要說達成目標了，因為練習實在太辛苦，讓人受不了，我只想著要如何才能躲過練習。

想當然耳，即使我參賽了，也得不到好成績，甚至於連「想要可以游得更快」、「希望下次可以游出那樣的速度」的想法都沒有。

當我自己獨立出來開業的時候也一樣。因為我是以最小的年紀考上律師，大家都吹捧我說：「好厲害喔！好厲害喔！」讓我也自負了起來，信心滿滿地認為自立門戶的話客戶就會增加，自己的收入也會變多，然而，實際上完全不是這麼一回事。

不僅客戶的數量沒有增加，還陷入了增加一家客戶，就會有一家客戶解約的循環。我也曾經有過一個月的營業額不到十萬日圓的情況。

在完全喪失自信之下，我為了保護自我尊嚴，就將做不出成果的原因歸咎在他人身上，說是「客戶不好」、「員工不好」。

就在我無法接受一事無成的自己，每天為此焦躁不安時，我遇見了稻盛和夫先生。他正是創辦京瓷與ＫＤＤＩ（現今日本行動電話ａｕ的營運公司），以及讓曾經面臨破產的日本航空公司起死回生的經營之神。

我參加了由稻盛先生所主辦的讀書會，受益良多。

其中最讓我驚訝的是，在讀書會中學習的前輩經營者們，不僅一次又一次地達成高目標，讓公司規模壯大，該公司裡的每一位員工也都擁有明確的目標，充滿朝氣地工作著。

這與做不出成果而半途而廢，正在自暴自棄的我有著天壤之別。

看著這些人一次又一次達成目標，讓公司穩健茁壯，我發現他們有一個共通點。

詳細內容會在後文中說明，在此我要先提到的是達成目標的人會將這條路徑分成三個步驟：

- **第1個步驟：設定目標**
- **第2個步驟：制定實行計畫**
- **第3個步驟：執行計畫**

每一個步驟都有必須具備的獨特想法與行動。

我試著回想了一下，自己在參加中學考試及律師考試時，能夠順利達成目標，是因為很湊巧地有著相同的思維與行動。反之，高中時期參加游泳社和獨立出來開業的工作進行方式等，之所以無法有成果展現，一定是在這三個步驟的某處有很大的問題。

當我注意到這一點之後，便將目標達陣高手共有的特徵進行整理，並將之「方法化」，運用到日常的工作中。結果，我的公司在短短三年內，律師法人的客戶便增加了三倍以上，成為國內顧問契約數量堪稱數一數二的法律事務所。

並且，現在我還成立了稅務士法人和諮詢公司，發展成不僅從法律方面，還從會計、戰略、誘發等多方面，來協助企業發展的集團企業。這些都是我還未將目標達陣的方法進行系統化之前，所無法想像的事。

我也將這一系列方法積極地傳達給客戶，可喜的是我所協助的企業皆有驚人的成長，接二連三地成功完成上市上櫃。

再加上我很幸運地有機會在日本經營心理師協會學習心理學，獲得組織心理師的認定。

這讓我能有系統地瞭解達成目標之人的心境，並且知道不擅長達成目標的人應該注意哪些事情。有了這些理論來支持我的系列方法，讓我更有自信。

然而，我能夠直接傳達這個目標達陣方法的客戶數量畢竟有限。為了讓更多人知道完成目標的祕訣以及達成目標的喜悅，我寫了這本書。

為了要成功達成目標，在這三個步驟當中，有著每個人都能做到的小祕訣。當然，運勢、秉性、辛苦的努力和忍耐，這些都是不需要的。

只要能夠抓到訣竅，不論是達成銷售業績、專案獲得成功等這些工作上的目標，甚至想要減重、打高爾夫球想要打進一百桿以內、想要有異性緣等這些私領域的目標，也都能夠達成。

除了個人的目標之外，也可以達成團隊的目標，或是協助下屬及小孩達成目標。

另外，我在本書中真正想要傳達的事，是「設定目標的時候」會比「完成目標的那一刻」更讓人開心。

實際上，人類有著無限的可能。

一旦將「完成目標」當成習慣之後，就會認為「自己應該可以完成更了不起的事」而感到熱血沸騰，在想像著自己將進一步成長的同時設定下一次的目標，就成為一件讓人開心的事了。當你發現到設定目標的樂趣後，每天都會非常快樂。

甚至，你的人生會因此有所改變。

也許有人會認為我說得太誇張了，然而這是千真萬確的事。

如果讀了這本書之後，能夠讓你感受到設定目標的興奮雀躍，以及目標達陣時的喜悅，身為作者的我將會十分高興。

二〇一九年六月吉日　三谷淳

目次

2 把目標設定成「你想要做的事」

3 從終點倒算回來，一定能達成目標

4 下定決心後，只要貫徹到底就行了

5 一生受用的「目標達陣大腦」養成法

6 帶領團隊達成目標的領導者需知

1

目標達陣高手都有做到的三個步驟

Goal Achievement
How to Get the Best Results

1.1 無法擺脫目標的時代已然來臨

會追求「目標」的只有人類！

你現在有「目標」嗎？
為了要達成目標，你每天會做什麼樣的努力呢？

「這個月要達到業績一百萬日圓的目標。」
「想要成為公司重點專案的成員。」
這些是工作上的目標。

「在夏天來臨前要減重三公斤。」

「想要存夠跟家人一起去海外旅遊的旅費。」

這些是私領域的目標。

「今年度的業績要贏過隔壁部門。」

「要讓這家公司在五年內上市。」

這些是團隊的目標。

我們身邊隨時充滿著目標，也會煩惱「要如何做才能達成目標」；「當目標達成時」，我們會很開心；「無法順利達成時」，我們會覺得沮喪。

「看樣子，這個月又要在沒有達到業績目標的情況下結束了。該如何跟上司說明才好呢？」

「說起來，為什麼非要讓我達到這樣的業績量不可？」

就像這樣，當我們一直無法順利達成目標時，也會想著：「希望可以更隨心所欲地工作」、「不要有什麼目標就好了」。

仔細想想，在這個地球上，會自己設定目標，並且努力想要完成目標的動物，應該只有人類了吧！

從來都沒有聽說生活在熱帶草原上的獅子，會設定目標：「今天要捕捉三隻斑馬。」一跟主人一起散步的小狗，應該也不會思考著：「這個月要比上個月更努力地做記號，來擴張自己的地盤。」

目標達陣有「訣竅」

雖然不清楚人類是從哪個時代開始學會設定目標，不過像是建造金字塔的古埃及國王，或是統一天下的豐臣秀吉等人，應該都是自己確立了遠大的目標之後，與部下（奴隸或臣僕）共同朝著目標前進，才完成了偉大的事業。

將每年的目標及實行計畫這樣的管理手法帶入商界的，是著名的美國管理學者彼得・杜拉克（Peter F. Drucker）。

到了現在，工作與目標設定之間，已經是切不斷的關係了吧！

在日本，曾經有過一段高度經濟成長期，人口和國內生產總值都急速增加。在某種意義上，那是一個只要普普通通地過日子，薪資就會上漲，就能夠獲得滿足的時代，人們不必特別思考什麼，也不需要特別下什麼工夫。

然而，面對少子化及高齡化、人口減少、財政破產危機等問題，以及國際競爭力低下的現在，不管是哪一家企業，如果不努力的話就無法生存下去。

對上班族而言，只要不犯什麼大錯，薪水還是會增加的時代已經結束，現在的我們都必須隨時設定目標並完成才行。

嚴格說來，今後的時代是目標達陣高手才會被重視，而且這種人的收入才會增加，也更有可能獲得滿足感。然而，對許多人而言，沒有機會理論性地學習目標設定的方式，或是有系統地學習達成目標之行動計畫的制定方法。

結果，每年在元旦時許下新一年的抱負說：「今年一定要減肥成功！」體重卻持續增加；或是宣告說：「這個月一定要拿到十份新合約。」卻始終達不到，並因此陷入沮喪，認為自己「很懶散」、「缺乏才能」而失去了幹勁。

實際上，我在觀察了許多「目標達陣高手」前輩之後，發現到達成目標的方法中是藏有訣竅的。

只要學會了這些訣竅，你就能夠一次又一次完成所設定的目標。只要你有過一次完成目標的經驗，第二天開始就會「理所當然」地想要完成更高的目標。而且，你還會得到公司和客戶的好評，以及家人和朋友的尊敬。當然，這也會提高你的收入和工作的意義，讓你的每一天都變得非常開心。

因此，請你務必成為目標達陣高手中的一員。

1.2 目標達陣所需要的三件事

「樂觀地構思、悲觀地計畫、樂觀地執行」

接著，我要開始傳達目標達陣的方法。

雖然我將達成目標的路徑分成三個步驟，不過，每個步驟裡要做的只有一件事，因此總共只有三件事。而且，它們都不是困難的事，不論是誰都可以做得到。這三件事分別是：

- **第1個步驟「設定目標」＝設定能夠達到的目標**
- **第2個步驟「制定實行計畫」＝制定能夠達成的實行計畫**
- **第3個步驟「執行計畫」＝貫徹執行直到完成目標**

也許有人會不以為然地說：「什麼呀！這些不都是理所當然的事嗎？」不過，請容我先好好說明。

這些的確都是理所當然的事，而且只要謹守這三點的話，應該就能夠完成目標。過去曾經無法完成目標的人，都是在這三個步驟中的某個地方卡住了。

除了極少部分的天才之外，幾乎沒有人敢說：「無論什麼時候，要達成目標實在太容易了。」對於不擅於達成目標的人而言，只要知道自己在這三個步驟中的哪個環節容易遇到阻礙，能夠知道自己該注意哪一個部分並加以解決的話，目標達陣的機率就會以驚人的速度成長。

首先，為了讓大家理解從目標設定開始到完成的整體狀態，我先描述一下這三個步驟的基本思維以及典型的失敗案例。

接著，在第2章之後會說明每個步驟的詳細方法與論證說明。

這三個步驟有其對照的思維方式。分別為：

・第1個步驟「設定目標」：「樂觀地思考」（認為自己做得到任何事。）
・第2個步驟「制定實行計畫」：「悲觀地思考」（設想難以預測的突發狀況，謹慎地思考。）
・第3個步驟「執行計畫」：「樂觀地思考」（相信自己絕對做得到並實際執行。）

這就是稻盛先生在著名的京瓷哲學中所說的：

「樂觀地構思、悲觀地計畫、樂觀地執行。」

設定「如果我能做到的話就太好了」的目標

首先，「第1個步驟」是設定能夠達成的目標。

所謂能夠達成的目標，並不是很容易就可以達到的簡單目標，也不是任何人都可以做得到的輕而易舉的目標。

你應該要設定更高的目標，才會讓你產生想要認真去做的衝勁，並且朝目標邁進。

因為不論是誰，對於自己所喜愛的事情，都會變得積極努力，專心致力於其中。

例如，我那就讀國中的女兒很討厭英文，考試時連很簡單的英文單字都會拼錯，不過，由於她是偶像團體櫸坂46的超級粉絲，當然就會寫「櫸」這個漢字。

我那念小學的兒子也一樣。要開始解數學題時，脾氣就會變得不好，不過，因為他很喜歡歷史，會反覆地閱讀內容艱澀的戰國武將及城堡的相關書籍，而且很快就能夠倒背如流。

你也曾經十分熱中於某樣興趣嗎？我想你可能也有過沉迷於推理小說的經驗，即使知道第二天早上會因為睡眠不足而痛苦，還是會在不知不覺中忘我地讀到深夜。將這類會讓自己熱血沸騰的事情當作目標的話，你自然而然就會努力去做。

人類有無限的可能。因此，**「樂觀地構思」而設定更高的目標，是很重要的**。太微小的目標無法激發出你的幹勁，反而會降低目標達陣的機率。

在第1個步驟中遭遇挫敗的人，大部分是因為將目標與口號混淆了。

雖然宣告說「今年度要培訓下屬」、「這個星期要對小孩溫柔一些」、「今年一定要減肥成功」，然而，「怎樣才算是將下屬培訓好了呢？」「怎麼做才算是對小孩溫柔呢？」「怎樣的體態才算是減肥成功呢？」這些都沒有定義出來。

由於目標不夠明確，因此無法判斷自己到底有沒有完成。這些宣言都只是口號，類似標語或座右銘的作用罷了。

有關目標設定的具體方法，將會在第2章中詳細說明。

用倒算方式堆疊出來的「行動計畫」最重要！

「第2個步驟」是制定要達成目標的「實行計畫」（行動計畫）。

常常有人跳過這個步驟，直接進行第3個步驟，也就是立刻開始行動。

事實上，這也是目標達陣會失敗的類型之一。

例如，你設定了這樣的目標：「今年一定要減肥成功！要減掉五公斤！」只憑一股衝勁訂下目標之後，第一天很努力地將食量減半，然而到了第三天就因為飢餓難耐而開始暴飲暴食，這就是完全沒有行動計畫的典型案例。

制定行動計畫的基礎，是兩個倒算思維。

第一個是**「時間上」的倒算**。

比如說，設定中間目標：「為了要在三個月內減掉五公斤，在第三個月時就一定要減掉四公斤才行。這麼一來，就必須在第一個月減掉兩公斤。」或是設定「階段性目標」（milestone）：「為了要減重，在第一個星期先閱讀一些有關身體基礎代謝，還有計算食物熱量的書籍。」

所謂的階段性目標，是類似短期的截止期限概念。從終點開始倒算，設定幾個階段性目標，一個又一個達成的話，就會離目標越來越近。

另一個是**「領域上」的倒算**。

舉例來說，為了要在一個月內減掉一公斤，可以分成兩個領域，分別是將每日攝取的熱量減少兩百大卡的領域，以及將每日消耗的熱量增加三百大卡的領域。

具體方法就是在分類出來的領域上，各自制定出「將每日的熱量攝取控制在兩千大卡以內」、「為了要增加熱量的消耗，每個星期做一次肌力訓練、進行兩次慢跑」這樣的行動計畫。

在制定行動計畫時，最重要的是要「悲觀地計畫」。

我們通常會以計畫能夠完全順利進行為前提，來制定行動計畫，然而，實際上卻會有各種意料不到的情況發生。

譬如，你設定了「要在三個月內瘦五公斤」的目標之後，也制定了「減肥期間不喝酒」、「每星期進行兩次慢跑」的行動計畫。

不過，當客戶邀你「一起去喝一杯」的時候，若你無法以「我現在在減肥，不能喝酒」為由拒絕的話，這個計畫就會因此被打亂。

還有慢跑的計畫也是一樣，像是感冒了，或是連續好幾天下雨而沒辦法跑步等原因，導致你無法按照原定計畫進行的情況並不少見。

因此，你也要將無法完全按照預期進行的情況列入計畫中，制定像是「一星期喝酒兩次也可以，但其中一次僅止於社交程度的淺酌」，或是「不能跑步的時候，就改成游泳，或是控制飲食」等，這類有替代方案的行動計畫，是有必要的。

總而言之，在**第2個步驟中要周密且謹慎地思考行動計畫，必須要思慮透徹到得以排除萬難達成目標。這就是稻盛先生所說的「深思熟慮，直到能夠清晰看見」。**

要如何制定行動計畫，我將會在第3章中詳細描述。

聚焦於「行動」上，輕鬆執行

目標達陣的「第3個步驟」，是徹底執行直到完成目標。

在這個步驟中，重點是要再度變得樂觀，抱持著「自己一定做得到」的自信，每天以開朗正向的態度去執行計畫。

不論是誰，一旦要朝目標付諸執行之際，都會有「我真的能夠達成目標嗎？」這種怯懦的想法掠過腦海而感到不安。

不過，只要你瞭解人為何會感到不安的大腦機制的話，對於自己的這種擔憂就可以應付自如了。

首先，希望你可以先明白一件事：「**我們無法選擇結果，卻可以選擇行動。**」

目標達陣所需要的三件事

第 1 個步驟「設定目標」

＝設定能夠達到的目標

↓

第 2 個步驟「制定實行計畫」

＝制定能夠達成的實行計畫

↓

第 3 個步驟「執行計畫」

＝貫徹執行直到完成目標

舉例來說，你在銷售公司的專業服務，想要達到一年銷售額三千萬日圓的目標。這個目標能否達成的「結果」，取決於顧客是否決定要購買，是你無法掌控的，所以你會感到不安。

然而，另一方面，你的行動卻是自己可以掌控的。例如，你可以每個月與二十個人交換名片，或是每星期將自家公司的服務推薦給三個人，只要你本身有執行，這些行動就一定能夠達成。

因此，在執行階段，要聚焦的並非「結果」，而是「行動」。

從容易且確實能做到的事情開始著手

重點是，你要從輕易就能夠達成的行動計畫開始執行。

要是你設定好目標，正摩拳擦掌地要朝完成之路邁進，卻在剛起步時就連續遭遇挫折的話，你的動力便會急速下降，完全失去幹勁。

因此，在剛開始執行計畫時，不要馬上挑戰困難度高的事，而是要從確實可以達成的計畫開始著手。

例如，以銷售目標來說，與登門推銷比起來，用電子郵件向認識的人通知座談會的訊息，困難度應該會降低許多。

因為在你持續登門推銷幾天之後，如果連一件都沒有成交的話，你就會因受挫而覺得灰心，不過，如果你向認識的人發出郵件，即使只有收到一封願意參加座談會的回覆信件，應該也會讓你的興致高漲。

如果你的興致被提高的話，就會積極地想要挑戰稍高難度的事。因此，當你有數件需要完成的事（任務）時，就先從感興趣的事情開始執行吧。

當然，即便是你經過深思熟慮之後，認為絕對可以完成而制定出來的行動計畫，在執行的過程中還是會遇到許多障礙。

例如，「原本以為新網站架設好之後，每星期會有五件左右的查詢件數，實際上查詢件數卻只有一件」，這就是有按照制定的計畫執行，結果卻不如預期的案例。

在這種情況下，你就必須重新設定中間目標或階段性目標，在朝目標前進的同時，針對行動計畫進行一些細微的調整。

有關於一邊修正設定好的目標及制定好的計畫，一邊朝目標邁進的方法，我將會在第4章中詳細說明。

另外，如果離達成目標的期限還很久，或是在剛開始的階段就覺得結果將會不如預期的話，要如何才能夠不放棄地貫徹到底以達成目標，這些有關掌控動力的方法，我也會在第5章中介紹。

首先，請謹記下述三點。

・第1個步驟「設定目標」＝「樂觀地思考」（認為自己做得到任何事。）

・第2個步驟「制定實行計畫」＝「悲觀地思考」（設想難以預測的突發狀況，謹慎地思考。）

・第3個步驟「執行計畫」＝「樂觀地思考」（相信自己絕對做得到並實際執行。）

1.3 能夠完成目標與無法完成目標的人，只有一個差異點

依據「心理負擔」所劃分的三種區域

到目前為止，我見到許多客戶及讀書會的成員一次又一次達成高目標。

- 讓公司的業績逐年增長，五年內成長五倍的經營者。
- 宣布要讓公司上市之後，只用了短短三年的準備期間，就真的成功上市的經營者。
- 連續三年都是公司內部業績第一名的壽險公司業務員。
- 進社會之後才開始打高爾夫球，忙於工作之際仍然在縣市比賽中奪冠的上班族。

・**成功減重二十公斤，並且在健美比賽中獲獎的醫生。**

像這樣一次又一次完成高目標的人，都有進行目標達陣的三個步驟：「樂觀地構思、悲觀地計畫、樂觀地執行」，此外，他們還有一個決定性的共通點。那就是**經常處於「伸展圈」（Stretch zone）中，並且享受這樣的狀態**。

讓我詳細說明如下。

每個人都有各自感到安心的行動區域，以及覺得舒適的行為模式，在心理學的用語上，稱之為「**舒適圈**」（Comfort Zone，見39頁圖）。

・**每天在相同的時間通勤。**

・**默默地將交辦的工作做好。**

・**回到已經住習慣的家。**

・**每年領固定的年薪。**

這些狀態都是舒適圈的典型範例。

從舒適圈往外踏出去，就是「**伸展圈**」（即學習圈）的區域，像是：

- **被委派負責新的專案，工作方式必須與以往不同。**
- **搬家後要適應陌生的地區。**
- **被擢升為職場的主管，年收入暴增一・五倍。**

一旦離開舒適圈，進入伸展圈之後，人就會感受到壓力。

而在伸展圈之外的區域，是「**恐慌圈**」（Panic zone），例如：

- **被公司開除了。**
- **突然被調派到語言不通的國家任職。**
- **因為生病或受傷而無法繼續工作。**

一旦進入這個區域後，人就會如同字面所描述地陷入恐慌，變得完全無法思考自己要採取什麼樣的行動。

「伸展圈」是目標達陣的要素

在此我想要傳達的是，**人在伸展圈中的作業效率，會比在舒適圈中更好，也能夠締造更好的績效。**

對於期限充裕的工作，我們會變得散漫，以致遲遲無法有完美的成果展現，不過，如果是期限已經迫在眉睫的工作，我們會更加專注其中，即使時間很緊迫，也可以如期完成工作，你應該也有過這樣的經驗吧！

俗話說：「火災現場的驚人能力。」（火事現場の馬鹿力，譯注：日文慣用語，意指在危急時刻所展現出來的潛在能力。）比起處於沒有任何刺激的安心且安全的領域，當一個人置身於感到些許壓力的狀態中，更能夠提高作業效率，這是經過老鼠實驗驗證過的，由此可知，這不是人類才有，而是許多動物共通的習性。

依據「心理負擔」所劃分的三種區域

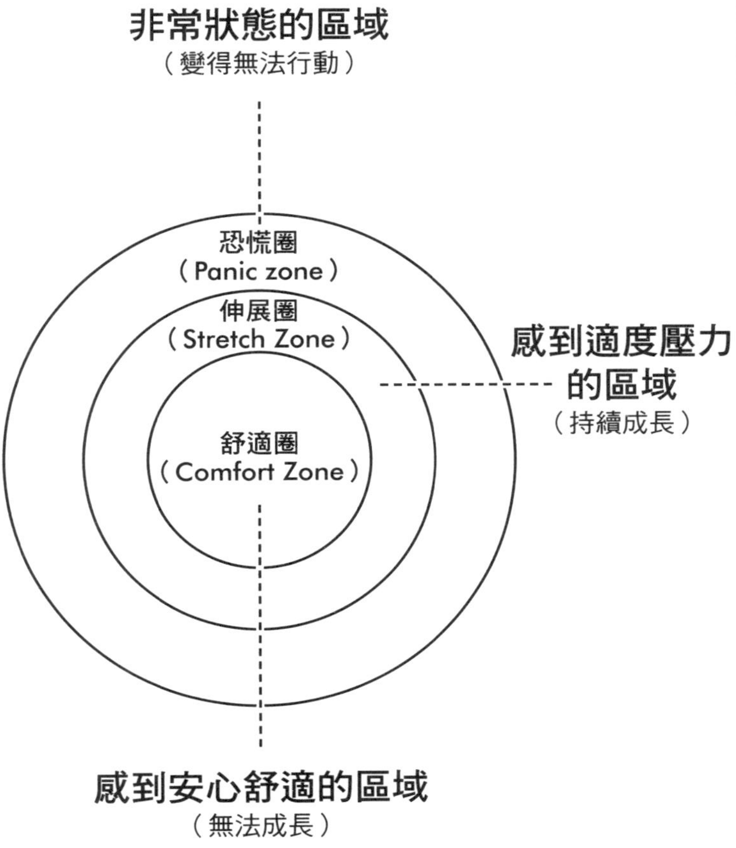

「雖然設定好目標，卻很難開始執行計畫。」「雖然下定決心每天早上都要早起，卻怎麼也爬不起來。」你會有這樣的狀態，原因可能是無法從舒適圈中跳脫出來。

不擅長達成目標的人，對於要設定從來沒有經驗過的高目標，會感到不安，或是對於要改變長年以來的生活及工作方式，會感到有壓力，於是就讓自己停留在舒適圈中過日子。

至於一次又一次完成高目標的人，則會設定讓人有些懷疑「這真的能夠達成嗎？」的高目標，並且會制定無法偷懶的行動計畫，好讓自己置身在伸展圈中，以締造高績效。

目標達陣高手與不擅長達成目標者之間的差異，就在於前者經常處於伸展圈中，而後者經常處於舒適圈中。

其實，舒適圈的範圍大小並非因人而異，而是由於經驗而擴大的。

一開始覺得很困難的事情，在習慣之後就會變得理所當然了。

例如，你一開始練習騎腳踏車，或是為了考駕照而剛到駕訓班上課時，會覺得很緊張，不過現在在騎車或開車時都不會覺得有任何壓力，就是最好的例子。

在思考要達成目標的時候亦然，如果將輕而易舉的事設定成目標的話，就無法脫離舒適圈，反而會讓目標達成率下降。

但是，過高的目標也會讓自己進入恐慌圈，因而思考停止且無法採取行動。先設定有適度壓力的伸展圈區域的目標和行動計畫，在達成之後，下一次便會認為這是理所當然的事，就能夠進一步達成更高的目標了。

處於伸展圈中，雖然會辛苦一些，卻也能夠讓自己成長。

1.4 「維持現狀的偏見」是一道阻礙目標達陣的高牆

進不了伸展圈的原因

在你設定了高目標，在伸展圈中努力過後，便會有所成長，那些被你視為理所當然能做到的事，自然會越來越多。

並且，你還可以去挑戰更高難度的目標，創造出良性循環，進而一次又一次達成目標。

然而，你是否也有過這樣的情況：明明知道「應該要進入伸展圈」，卻無法輕易改變自己的行動呢？

事實上，我也有過好幾次痛苦的經驗。

直到今日我都無法忘記的，是高中時期在游泳社遇到的挫折。當然，我原本是希望自己可以游得更快，但是一進入社團之後，卻因為每天嚴格的訓練而變得想要逃跑。

我完全沒有要讓自己在伸展圈中成長的想法，總是假裝自己在練習，滿腦子都想著要怎樣才能偷懶。想當然耳，我的游泳成績沒有進步，無法在比賽中有顯著的成果表現，最後，我在社團裡已經不是選手，而是以選手助理的身分離開的。

其他的經驗還包括：「擔心失敗後會很丟臉，不敢將高目標說出口。」「雖然很想減肥，卻又禁不住甜食的誘惑。」「明明已經下定決心要早起讀書，聽到鬧鐘響了卻怎樣都無法從棉被裡爬起來。」

後來我才知道，原來不是只有我，人之所以一心想要進入伸展圈卻又走不進去的原因，不是因為意志薄弱，也並非欠缺熱情。

而是因為在伸展圈的前面，有「**維持現狀的偏見**」（Status-Quo Bias）這樣的強敵築成一道高牆阻礙著，把我們又逐回舒適圈中。

害怕改變的心態抑制了行動

「維持現狀的偏見」是一個比較陌生的詞彙，所以我稍加解釋一下。

所謂「維持現狀的偏見」，是想要避免改變之人的一種心理作用，意指**雖然有可能從改變中受益，卻因為害怕改變而無法有所行動的習性**。

也就是說，人類大腦的構造設計，會讓人過度地解讀嘗試新事物時失去的比獲得的還要多，而選擇盡可能不要改變。

例如：

A可以無條件獲得一萬日圓。

B猜拳贏了的話，可以得到三萬日圓，不過如果輸了的話，就什麼都沒有。

當人被迫要在這兩者之間擇一時，雖然以理論上的期望值來看，選擇B所得到的錢會比較多（B是在贏或輸中擇一，期望值是三萬日圓的二分之一，為一萬五千日圓），然而，許多人會選擇A。

相反地，在下列的這個選擇中：

C必須要支付一萬日圓的罰金。

D猜拳贏了的話，可以免除罰金，不過如果輸了的話，就必須支付三萬日圓的罰金。

雖然以理論上的期望值來看，選C會比較划算，然而，選D的人數卻比較多。

這是因為，與可能獲得或失去的事物相比，我們更珍惜已經擁有的事物，所以在日常生活裡會有下列的事情發生。

- **雖然對職場有所不滿，仍然遲遲無法換工作。**
- **情侶在一起久了，即使不滿意對方也不會輕易分手。**
- **已經交往很久的情侶，還不打算結婚。**
- **對於一直很想挑戰的運動，沒有勇氣去嘗試。**
- **想要減肥，卻戒斷不掉零食。**

並且，我們還會告訴自己：

・雖然這份工作薪資低，但是很適合我，我並沒有太大的不滿。
・雖然現在交往的對象並不完美，但是分手後也不一定能夠遇到更好的人。
・結婚後的生活也許很快樂，但是感覺會受到各種限制。
・現在太忙了，等我有時間再來嘗試。
・這個月飯局太多了，下個月再開始減肥。

在無意識當中，就阻止了改變以及全新的挑戰。

其實，「維持現狀的偏見」是人類與生俱來的生存本能、防衛本能。「我到目前為止按照這樣的做法存活了下來，所以只要能持續沿用這個做法，我就不會採取新方法。」這樣的思考可以讓我們避開危及生命的風險，得以保護自己。因此，面對新事物時會躊躇不前，是為了防止物種滅絕的自然法則。

然而，**當我們想要達成新目標時，這種「維持現狀的偏見」就成了阻礙目標達陣的頭號敵人。**

想要順利地跨越這道高牆有幾個訣竅，像是「公開目標」、「尋求同伴」等。

詳細內容會在之後的章節中說明。在此，請你先瞭解有「維持現狀的偏見」這個強敵的存在。

1.5 無法達成目標，並非丟臉的事

目標達陣次數越多的人，遇到的不順遂也越多

還有一件事要先告訴大家。

那就是：**即使你沒有達成目標，也不丟臉**。

大家都看過上市公司下修公司營收的新聞報導吧！

「只要設定好目標，按照計畫執行的話，一切就會如預期地順利達成」，世上不盡然都是這麼容易就可以完成的事。

更不用說是高難度的目標了。

如果計畫被打亂的話，就重新檢討目標的達成路徑，修正一下計畫，倘若這麼做之後還是難以達成目標，就重新設定目標。有關於當計畫被打亂時的行動計畫修正方法，以及重新檢視目標的方法，會在第4章中詳細說明。

以下的事實也許會讓你感到意外：**高目標達陣次數越多的人，失敗的次數也越多。**

去年，成功讓A公司上市的K社長，實際上在過去有過兩次上市失敗的經歷，這次是第三度挑戰。多年來的願望得以實現，讓他在上市慶祝宴會上顯得容光煥發。

還有，J公司的W社長，在公司上市後立即宣布下修收益，減少九十八％，受到了機構投資者的強烈批評，然而，他將批評轉化為能量，成功讓業績躍然回升，帶領公司持續成長。

這些目標達陣高手不會畏懼失敗，反而會設定更高的目標，讓自己每天都生活在伸展圈中。

在目標無法達成時，他們會思考：「到底是哪裡沒有做好？」「下次要怎麼做才會成功？」然後緊接著再度挑戰。也就是要迅速地採取行動，快速地執行PDCA循環（167頁）。

即使無法達成目標，也是百利而無一害

不擅於達成目標的人，其實也不擅於設定目標，或是把自己的目標說出口。高中時期的我，就是這種類型。

不想要設定目標的原因，是因為一旦公開說出目標後，如果沒有達成就會覺得很可恥或丟臉的這種虛榮心和自以為的心態在作祟，才讓人一直無法跨越「維持現狀的偏見」這道高牆。

在第5章中也會提到，雖然在下定決心採取新行動時，會因為備感壓力而有所猶豫，**但是在真正行動過後，對於當初所下的決定絕對不會覺得後悔**。

請試著想想以下兩個問題的答案。

❶到目前為止，你是否曾經按照自己的意志，下定決心去挑戰，並且全力以赴努力去做，之後卻因為沒有達到目標，到現在都還很後悔的事呢？

❷到目前為止，你是否曾經猶豫著要做某項挑戰，結果到最後都沒有採取行動，以至於到現在都還很後悔的事呢？

會讓人感到萬分後悔的恐怕是❷的情況吧。

「當時，要是有跟那個女生告白的話就好了。」像這樣的懊悔通常會持續很久。

但是，如果你提起勇氣告白之後，即使不幸被甩了，對於做出告白的這個舉動，你通常不會感到後悔。

不過，你設定目標的目的是為了什麼呢？

可能你會認為：「設定了目標，當然就是為了要達成。」然而，真正的目的應該不是達成本身。

阻礙目標達陣的高牆

維持現狀的偏見

↓

若是無法達成目標的話，會很丟臉
維持現在這樣就好了

但是

即使無法達成目標，也是百利而無一害

↓

自己一定會有所改變

比如說：

・體重減掉五公斤（讓自己更好看）

・業績拿第一（想要有年終獎金，好帶家人去旅行。）

・讓公司的銷售額提升兩倍（希望有更多客人喜愛自家公司的產品）

我們通常是期盼藉由目標的達成，來獲得某些東西，例如：「成為比現在更好的自己」、「讓他人開心」、「對社會有貢獻」。

實際上，即使你沒有達成目標，也會有一些收穫，例如：

・雖然沒有達到原本設定要減掉的五公斤目標，不過體重減輕了四公斤，腹部更緊實，自己變得更有自信了。

・雖然業績沒有拿到第一名，不過公司肯定我的努力，讓我拿到了年終獎金，可以帶家人去旅行。

・雖然銷售額沒有達到兩倍，不過客戶急速增加。有了客戶的感謝，讓員工工作

起來更覺得有意義。

也就是說，**只要你朝著目標全力以赴的話，不管有沒有達成目標，也是百利而無一害。因為成功的相反並非失敗，而是「不去行動」。**

思考目標是最快樂的時刻

一次又一次達成高目標的人，總是會給自己設定一些目標，也經常在思考下一次的目標。你知道這是為什麼嗎？

因為**設定目標時，是最快樂的時刻**。

或許你會認為：「不是在達成目標時，才是最快樂的瞬間嗎？」然而，目標達陣高手往往對自己有沒有達成所設定的目標，不感興趣。

這些經常處於伸展圈中，想要讓自己有所成長的人，對於之前所設定的目標，通常在快要達成的那一刻，就對這個目標失去了興致，並且開始設定下一個更高的目標，更新目標的數字和期限。

另外，在他們發現要達成所設定的目標十分困難時，也會重新設定並修正目標，同時更新期限。

目標達陣高手總是想像著：「如果努力加油的話，這次這個目標應該就可以達成了吧！」沉浸在計畫的那一瞬間。

請勇敢地踏進伸展圈吧！你可以體驗到這樣的改變：

・因為有「維持現狀的偏見」這道高牆阻礙著，在你決定要挑戰的時候會有很大的壓力。

・如果不去挑戰的話，日後你可能會後悔萬分。

・但如果下定決心去挑戰的話，不論是成功或失敗，你都不會後悔。

・跨過了「維持現狀的偏見」這道高牆之後，就是伸展圈了，那裡有許多會讓人

提升動力的刺激在等著你，你自然就能夠締造出高績效。

・進入伸展圈之後，對你而言，「這是理所當然能做到的事情」將會日漸增加，你會深切地感受到自己的成長，每天變得非常開心愉悅，已經無法再回到舒適圈了。

所以，你完全不需要擔心。請你也設定高目標，踏進伸展圈吧！

「做」或「不做」

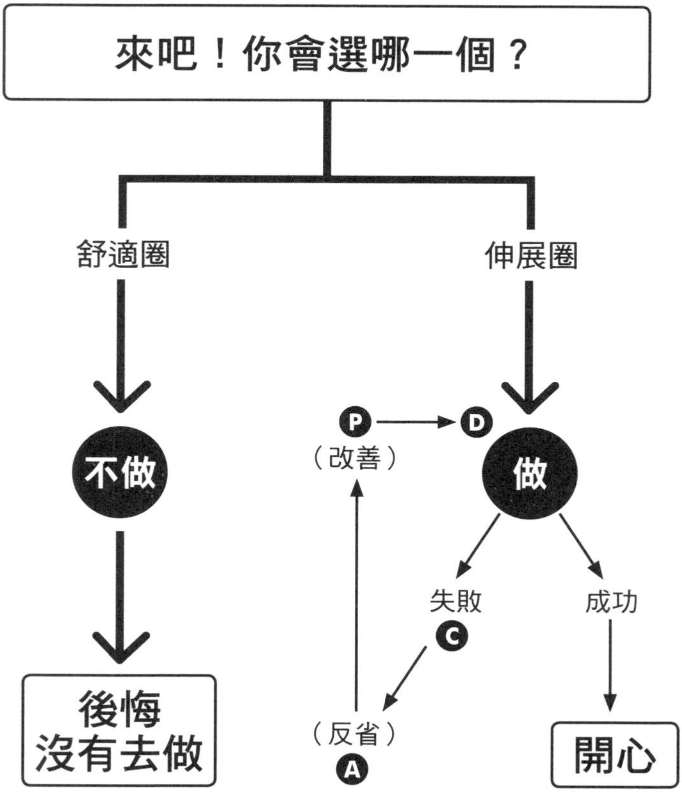
來吧！你會選哪一個？
舒適圈
伸展圈
不做
後悔
沒有去做
P
D
（改善）
做
失敗
C
成功
（反省）
A
開心

1

目標達陣高手都有做到的三個步驟

重點摘要

❶ **要達成目標，只需要做到三件事**

→第 1 個步驟「設定目標」＝設定能夠達到的目標

→第 2 個步驟「制定實行計畫」＝制定能夠達成的實行計畫

→第 3 個步驟「執行計畫」＝貫徹執行直到完成目標

❷ **將焦點集中在「行動」上**

❸ **從簡單且確實能做到的事情開始著手**

❹ **進入「伸展圈」，是目標達陣的關鍵**

❺ **跨越讓人害怕改變的「維持現狀的偏見」高牆**

❻ **無法達成目標，並非丟臉的事**

❼ **即使無法達成目標，也是百利而無一害**

2

把目標設定成「你想要做的事」

Goal Achievement
How to Get the Best Results

2.1 設定「想要嘗試看看」這種令人興奮雀躍的目標

並非設定「能夠達到的數字」，而是「想要達到的數字」

想要達成目標，第1個步驟是設定「能夠達成的目標」。

至今為止，我協助許多人達成目標，發現到不擅於完成目標的人當中，有八成在最初的這個步驟有必須改善的地方。

反過來說，只要在這個步驟順利地設定好目標，離目標達陣就更近一步了。

這也表示設定目標這第1個步驟有多麼重要。

請記得這件事：「**目標要達陣，設定目標就占了八成的重要性。**」

重點在於「樂觀地思考」。要以自己做得到任何事為前提，想像達成目標的樣子，懷抱雀躍期待的心情去思考，是很重要的。

例如，當上司說「希望你思考一下明年度的銷售目標」時，你會訂立怎麼樣的目標呢？

有的人會認為「不想要太辛苦」、「不希望沒有達成目標時被罵」、「要是沒有達成目標，會很丟臉，我不想要這樣」，因此將「只要適度努力就能夠達到的數字」當作目標。

乍看之下，**與設定高目標相比，設定一般目標的達成率會更高，但實際上卻是相反的。**

這是因為人類的大腦被灌輸了「只會努力去做自己真正想要做的事」這個指令。也就是說，人類是一種「只能夠做到自己想做的事」的生物。

達成高目標的人，或是非常成功的人，在旁人的眼裡總是十分忙碌和努力，看起來也非常辛苦，但實際上，他們只是熱中於自己想做的事而已。

雖然真的很辛苦，但是他們完全沒有被強迫的感覺。

不論是誰，都曾經有過熱中於自己想做的事情的經驗吧！

當你還是小學生時，熱中的事情是什麼呢？

我想，應該沒有人熱中於「老師出的作業」吧？比較可能是「打躲避球」、「打造祕密基地」、「跳繩」之類的事。你也有過腦子裡只想著這類的事，沉迷於其中的經驗吧！

如果你是在被上司批評之後才心不甘情不願地設定目標，這就跟小學生心不甘情不願地做老師出的作業，是同樣的情況。

因此，在目標的設定上，必須盡可能是讓自己熱血沸騰地想要達成的高目標。

而我稱此為：

並非設定「能夠達到的數字」，而是「想要達到的數字」。

這就是設定能夠達成的目標之祕訣。

放掉內心的煞車

雖然自己很清楚「應該要盡可能地訂立高目標」，但還是會有「我沒有那樣的才能，應該沒辦法做那麼厲害的事」、「我能夠做到的，頂多只有這種程度的事情」等這些想法，妄自菲薄地踩了煞車。

當維持現狀的偏見來襲時，它將會阻礙你進入伸展圈。「我也想要把時間用在自己的興趣，還有與家人的相處上，所以在工作上量力而為就好了。」「因為無法拒絕美食的誘惑，所以瘦不下來也是沒辦法的事。」你會找一些理由來說服自己，而陷入維持現狀的偏見的圈套中，必須要十分當心。

人之所以會急著踩煞車，是因為曾經有過的失敗經驗和挫折體驗，阻擋了「只要去做，沒有做不到」的勇氣。

如果你問沒有失敗及挫折經驗的幼稚園生說：「將來你想要做什麼？」他們會閃耀著雙眼，很有自信地說出將來的夢想：「想要當世界第一的足球選手！」「想要開一家蛋糕店！」「想要成為將棋國手！」「想要成為億萬富翁！」小孩子不會給自己踩煞車。

但是，在我們長大之後，「發現自己學生時期的成績很差」、「進入棒球社之後，才知道比自己厲害的人太多了」、「同事中有能夠抓住客戶心理的業務天才」，逐漸感覺到「人外有人」，於是擅自決定了自己的定位。

要放掉內心的煞車，有一個祕訣。

那就是：**在設定目標時，不要想「要怎麼做」**。

先假設你是一個擁有萬物的萬能之人，思考看看你想要完成什麼事。

「你擁有無限的時間」、「你有用不完的財富」、「你具有無限的才能」，以這些為前提來思考會讓你興奮雀躍的目標。

在思考目標時，也思考要怎麼做才能夠達到，是很自然的事，然而，當你在思考「要達成何事」的同時也想「該怎麼做」的話，滿腦子所想的並不是「想要做的事」，而是「能夠做的事」，如此一來就變得無法樂觀地構思了。

當小孩子在訴說「想要當世界第一的足球選手！」「想要開一家蛋糕店！」「想要成為將棋國手！」這些夢想的時候，並沒有想到「要怎樣才能夠當上足球選手」、「開一家蛋糕店需要多少費用」、「需要學習什麼才可以成為將棋國手」。

稻盛先生在京瓷哲學中提到：「**能夠成就新事物的人，是相信自己有無限可能的人。**」

如果只是單憑過去的經驗來判斷自己「做得到、做不到」的話，是無法完成新事物和高目標的。

當你嘗試去做某一件事時，首先最重要的是要相信人類的能力是無限的，只要具有堅定的信念並努力不懈的話，自己也擁有無限的可能性。

發明飛機的萊特兄弟，最初的發想並非「如何才能設計出把人載到天空中飛的物體」，而是「如果人可以在空中飛翔的話，一定會很開心」。

若是一開始就思考「要怎麼做」的話，就不會有「雖然至今為止沒有人類可以在天空飛翔，但我可以做得到」的想法，因而踩了煞車。

周圍的人可能也對萊特兄弟說過：「人類怎麼可能在空中飛？你們的頭腦有問題。」然而，萊特兄弟深信自己有無限的可能性，認為人類應該可以在天空中翱翔，最後才發明了飛機。

不論你設定了多麼高難度的目標，都沒有人可以證明那是不可能做到的。即使從前的自己無法做到，那也不是今後的自己仍然無法做到的理由，而且至今為止無人能夠做到的事，也不是自己做不到的理由。

將你發自內心感到雀躍的事設定為目標，就能夠提升目標達成率，請先試著盡可能地設定高目標吧！

2.2 請教「目標達陣的人」

在請教後，目標達成率會暴增

為了要設定令人興奮雀躍的目標，你還有一件重要的事要做，就是一邊向他人請教，一邊思考目標。

當然，你要自己思考目標也可以，不過藉由向友人或前輩等十分了解你的第三者請教，更能夠設定出好的目標、令人興奮雀躍的目標、容易達成的目標，目標達成率也會提升。

一邊向他人請教，一邊設定目標的話，有三個好處。

1 你會因興奮雀躍而變得樂觀

人類的大腦，具有與他人說話或一起行動而感到開心愉快的性質。因此，對於未來的目標，**與其自己思考，不如和他人一起思考，更會讓人感到熱血沸騰，也會變得更有趣，你就能夠樂觀地思考。**

例如，休假日時，你因為工作的關係，一整天關在房間裡，沒有跟任何人說話，心情會變得如何呢？是否有些低落？或者變得焦躁不安呢？

一個人如果好幾天都沒有跟任何人說話，精神上會變得不太正常。到國外留學或是被派遣至海外的人，在語言不通的國家會患上思鄉病，原因就是無法與人對話而造成的溝通不足所致。

相反地，對於一些令人不快的事，只要有人願意聽我們述說，我們也會覺得舒暢。雖然這麼做只是在發洩，相關問題不會得到任何解決，但是我們之所以可以期勉自己「明天繼續加油」，是因為大腦感覺到「這個人與我有同感」，讓我們的動力得以提升。

因此，在設定目標時，盡量不要自己一個人進行，白天的話，你可以跟他人一起吃甜點，下班之後可以一起淺酌一杯，共同思考你接下來想要達成的目標。

當然，要小心的是，如果喝酒喝到醉的話，就想不出什麼好點子了。

2 你可以發覺自己沒注意到的潛在可能

第二個好處是，對方會讓你發覺到自己沒注意到的事。

下一頁的圖表是由舊金山州立大學的心理學家喬瑟夫・魯夫特（Joseph Luft）及哈利・英格漢（Harry Ingram）所發表的人際關係意識圖，被稱為「周哈里窗」（Johari Window）。

他們將自我的認知分成四個領域：

1 自己和他人都知道的領域（開放我）
2 他人知道，但是自己不知道的領域（盲目我）
3 自己知道，但是他人不知道的領域（隱藏我）
4 自己和他人都不知道的領域（未知我）

周哈里窗

	自己知道	自己不知道
別人知道	❶ **開放我** 自己知道， 別人也知道 open self	❷ **盲目我** 別人知道， 但是自己不知道 open self
別人不知道	❸ **隱藏我** 只有自己知道 hidden self	❹ **未知我** 自己跟和別人 都不知道 unknown self

其中想要請大家特別注意的是2「盲目我」。

人們常說，**最不了解自己的人就是自己**。對於自己的不足之處和缺點，人們很難自己發覺，同樣地，對於自己的長處和擅長的領域，自己也無法有正確的認識。這是因為人們對於自己的事都會認為是理所當然的。

當你所尊敬的前輩或是敬佩的朋友對你說：「我認為你一定可以做到○○元的業績。」你就會因為這句話而提升動力，充滿幹勁吧！

而且，不只有動力會提升而已，當有人對我們說「你一定可以做得到」的時候，我們就會覺得自己真的做得到。

雖然在剛開始的時候，我們會認為「我不可能做得到這種事」，但在無形中卻會慢慢地認為「自己應該可以做得到」。

在無意識當中，我們開始相信「自己是可以達到業績○○元的人」，自然而然就會表現出自信的態度，成果也會隨之而來。

雖然這是毫無根據的先入為主的判斷，但是因為我們選擇相信它而改變了自己的態度，然後就獲得與這個判斷相同的成果，這在心理學上稱為「自我應驗預言」（自我預言實現，Self-Fulfilling Prophecy）。

3 對方可以幫助你達成目標

第三個理由是對方可以支持並幫助你達成目標。

例如，身為汽車經銷商業務員的你，針對自己的銷售目標，向你所尊敬的大學學長請教，訂下了高銷售額的目標。

過了幾天，這位學長就介紹想要換新車的朋友給你，幫助你增加業績。

當有人來找我們商量或是有求於我們的時候，我們會想要盡全力給予協助，這是因為受到了「互惠原則」這種心理作用的影響。

比如有人找你聊感情的問題，在這個過程中，你們之間開始互有好感，進而展為戀愛關係的模式，就是互惠原則最典型的例子。

人類有一種習性，就是受人之託時，大腦會感到開心，同時會想要順應對方的期

待而有所行動，因此請試著積極地向你信任的人請教吧！

向目標達陣的人請教

為了要設定令人興奮雀躍的目標，還有一件很重要的事，就是千萬不要搞錯請教的對象。

要是你特別去請教對方，得到的卻是否定的意見或消極的建議，如此一來，你就無法訂立好的目標，反而會招致反效果。

譬如，你正在思考要辭掉原來的工作，轉而自立門戶。這種情況下最常見到的失敗案例，就是去詢問家人的意見。老婆會擔心：「如果沒有成功的話，原有的生活會變得怎麼樣呢？」父親會認為：「自立門戶沒有那麼簡單」、「你好不容易進到這麼好的公司，沒必要離職吧！」一旦你受到反對的話，就會陷入與設定令人興奮雀躍的目標完全相反的氛圍裡。

當然，老婆和父親都是你的親人，會真心地傾聽你的問題。

至於為什麼他們會反對你自立門戶呢？並不是因為不相信你的能力，而是他們沒有自立門戶的經驗，不知道自立門戶的樂趣與順利進行的方法。

在設定目標的階段，如果有太多負面的意見或是需要謹慎考慮的要素等，那麼你列出來的都會是不能做的理由，那個目標就有胎死腹中的危機（當然，若是妻子非常積極地希望丈夫自立門戶，或是父親本身也是自立門戶開業的話，都是不錯的商量對象）。

因此，**設定目標時的商量對象，應該是「一次又一次達成高目標的人」、「輕輕鬆鬆就能夠達成相同目標的人」**。

如果想要增加客戶的話，就向擅長業務的人請教；想要減重的話，就向減重成功的人或是讓許多人成功瘦身的教練請教；想要讓簡報成功的話，就向擅長做簡報的人請教。

我所尊敬的業務顧問A先生，在當公司業務員時曾經向上司請教：「如何成為公司內部業績第一名的人？」聽說上司給他的建議是「不要與業績不好的前輩對看」，理由居然是「因為會被傳染」。

與一個滿懷正面能量和夢想的人相處時，你也會變得熱血沸騰，相反地，如果與一個滿嘴只會抱怨、找理由、說別人壞話的人相處的話，自己也會漸漸地失去幹勁。

在訂立明年度的銷售目標時，如果有人約你說：「我們這些看起來無法達到今年度銷售目標的人員，集合起來開個檢討會吧！」你千萬不要參加。請跟會讓你熱血沸騰的人，一起開開心心地設定目標。

向他人請教的好處

❶ 你會因興奮雀躍而變得樂觀

❷ 你可以發覺自己沒注意到的潛在可能

❸ 對方可以幫助你達成目標

↓

務必要向「目標達陣的人」請教

2.3 「夢想」總是難以實現，「目標」可以快速達成！

把夢想與目標混為一談，將會窒礙難行

我認為，「夢想總是難以實現，但目標可以快速達成！」你知道為什麼嗎？因為有兩樣東西是目標具有的，卻是夢想所沒有的。

我身為管理顧問、顧問律師、稅務士，有機會參與各家公司的經營者及員工設定目標的場合。當然，我也會思考自己所經營的律師法人和稅務士法人中的成員及團隊的目標，跟團隊成員一起設定個人的目標。

這時，為了盡可能讓大家都能夠興奮雀躍且樂觀地構思，我會要求大家：「首先假設不管你許下什麼願望都能夠實現，請大家試著盡量寫出自己的夢想和目標。」

我在前文也有提到，這個時候就不要去想自己沒有才能、沒有錢、沒有時間，要

以自己有才能、金錢、時間，以及其他所有可能擁有的東西為前提來思考。

請你務必毫不設限地思考自己的夢想和目標，並且試著將它們全部寫出來。

在我這麼要求大家之後，就有許多夢想和目標陸陸續續地被寫出來了。例如：

「想要成為壽險銷售額達一億日圓的百萬圓桌會員。」（壽險業務員）

「要成為該地區的第一大店鋪。」（健康食品販售店的負責人）

「想要建立一家員工滿意度第一的公司。」（清潔業經營者）

「希望大家說到橫濱的義大利餐廳代表，就會想到我們的店。」（義大利餐廳主廚）

「想要將店鋪擴展至五十家。」（拉麵店經營者）

「想要成為讓同業羨慕不已的公司。」（任職於印刷業）

另外，也有工作以外的內容。像是有：

「希望能夠受到異性的歡迎。」（二十多歲的男性）

「想要瘦五公斤，擁有完美的體態。」（三十多歲的女性）

「希望在公司舉辦的高爾夫球賽中獲勝。」（四十多歲的男性）
「希望老了以後也能夠跟丈夫甜甜蜜蜜的。」（四十多歲的女性）
「想要環遊世界一週。」（五十多歲的男性。）

每一位寫的內容都是那麼地閃耀、精彩，如果真的實現的話，不知道會有多麼高興。只是，這些內容都將夢想和目標混為一談了。

如果是夢想的話，很容易會無疾而終；若是目標的話，只要你認真地制定行動計畫，就有可能實現。

目標是「可以驗證的」

因此，目標具有的，但是夢想所沒有的兩樣東西，是非常重要的。

你認為是什麼東西呢？

第一個是「驗證的可能性」，也就是可以客觀地判斷是否有達成。

以剛剛的例子來說，

「成為壽險銷售額達一億日圓的百萬圓桌會員。」

「將店鋪擴展至五十家。」

這些工作上的目標，可以客觀地判斷是否有達成。

「在公司舉辦的高爾夫球賽中獲勝。」

「環遊世界一週。」

這些個人的目標是否有實現，也可以客觀地判斷。

然而，如果是以下這些內容的話呢？

「要成為該地區的第一大店鋪。」

「想要建立一家員工滿意度第一的公司。」

「希望大家說到橫濱的義大利餐廳代表，就會想到我們的店。」

「想要成為讓同業羨慕不已的公司。」

怎樣的規模才可以說是「該地區的第一大店鋪」呢？怎樣的狀態才是「員工滿意度第一的公司」呢？因為不明確，所以無法判斷是否有達成。

因此，不會有夢想成真的那一刻。

同樣的道理，「說到義大利餐廳就想到我們的店」、「讓同業羨慕不已」，這些也無法客觀地知道是否有達成。所以，**為了不要讓夢想就這樣無疾而終，把夢想轉變成可以實現的目標的話，就要稍微修改一下，讓它能夠被驗證。**

例如：

「要在世田谷區的健康食品販賣店當中，成為銷售額第一名的店。因此，目標是要達到銷售額十億日圓。」

「讓公司的平均薪資超過四百萬日圓，特別休假取得率達七〇%以上，提高公司員工的滿意度。」

「成為美食評論網站Tabelog（食べログ）上，橫濱•義大利餐廳的分類項目中，口碑第一名的餐廳。」

「達成印刷業中超乎想像的二〇%利潤率，讓同業震驚。」

如此一來，原本無法驗證的夢想，就會變成可以驗證的目標了。

另外，「希望能夠受到異性的歡迎」、「想要減重，擁有完美的體態」、「希望老了以後也能夠跟丈夫甜甜蜜蜜的」，這些夢想也是一樣。

「交女朋友」、「減重十公斤」、「每年跟先生去旅行兩次」等，將其轉換為可以驗證的目標的話，就立刻提升了實現的可能性。

訂下「期限」的話，就成為目標了

目標具有的，卻是夢想所沒有的另一樣重要的東西，是「期限」。

據我所知，人們口中常說的「希望不久後可以做到」的「不久後」，從來沒有到來過。「不久後」是永遠不會到來的。

即使你有「最近想要減肥」、「想要在不久後達到年收入一千萬日圓」的想法，但是對於行動上要做怎樣的改變，並沒有具體的概念，就會被「維持現狀的偏見」打敗，而延遲行動。

一旦你訂下完成的期限，例如：「要在三個月內減重五公斤」、「在三十五歲以前要達到年收入一千萬日圓」，你自然而然就會開始思考要採取怎樣的行動，像是「從明天開始，就不要再點大碗拉麵了」、「待在現在這家公司，即使升遷了，年收入看起來也達不到一千萬日圓，要開始試著另外找工作了」等等。

在設定目標的同時，如果沒有訂出完成期限的話，就無法實際思考行動計畫。

連鎖居酒屋和民的創始人渡邊美樹在著作《為夢想押上日期！利用記事本來完成夢想》（夢に日付を！夢をかなえる手帳術）一書中提到，人類是一種沒有截止期限就什麼也不做的生物，因此，若想要實現遠大的夢想，最重要的是要「填入日期」、「設定期限」。

同樣地，暢銷小說家也都異口同聲地說：「要寫出一本好的小說，唯一需要的就是截止期限。」

稻盛和夫也在京瓷哲學中提到，想要達成高目標，「就要下定決心在未來的某個時間點完成」，顯示出期限的重要性。

他也教導我們，在設定新目標時，要勇於設定超越自己目前能力範圍的目標，在未來的完成期限到達之前，提升自己的能力，他提到這是「用未來進行式來看待自己的能力」。

所以，在設定目標之時，以下兩點是必要的。

- **可驗證性（能夠客觀地判斷是否有達成）**
- **完成期限（「不久後」是永遠不會實現的時刻）**

請連同「何時、完成何事」一起思考，來設定目標吧！

夢想與目標不同！

夢想

- 成為該地區第一名的店鋪。
- 希望建立員工滿意度第一名的公司。
- 希望受到異性歡迎。
- 希望大家說到橫濱的義大利餐廳代表，就會想到我們的店。

目標

- 想要成為壽險銷售額達一億日圓的百萬圓桌會員。
- 想要在三年內將店鋪擴展至五十家。
- 在夏天來臨之前瘦五公斤。

→

◆可驗證

◆有期限

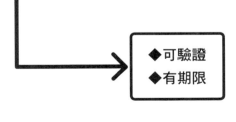

2.4 把「星期幾」填進完成期限，成果會截然不同

把期限訂在一年以內的最短期間

要將目標的達成期限訂在何時，這件事情非常重要，要訂在多久之後才適當呢？答案是，**在集中精神的狀態下能夠達成的最短期間**。

在設定能夠達成的目標或是高目標時，我們會認為在期限上多留一些時間比較好，然而並非如此。

一旦將期限拉得太長的話，不可避免地會發生半途鬆懈、無法盡全力去做，或是興奮雀躍感無法持續下去的情況，造成目標達成率下降。

在第1章中也有提到，當人處於愜意的舒適圈裡時，就不會拚命努力，也就無法成長。適度地給自己施加負荷量，讓自己進入伸展圈之後，腎上腺素會增加，大腦會因此覺醒而讓專注力提升，運動能力也會增強，就能夠將自己的潛在能力發揮至最大

極限。

因此，達成期限要設在能讓自己在伸展圈中盡全力的期限。

請你回想一下小學的暑假作業。幾乎沒有人在剛放暑假時就拚命去寫吧？要是離期限還有很長一段時間的話，會因為身處在沒有負擔和壓力的舒適圈裡，每天都認為「今天沒有寫的話，明天再寫就好了」，就不會有任何進度。

然後，到了八月的最後一個星期，離開學日越來越近了，感覺到「再不寫作業的話就慘了」，自然就進入了伸展圈。

因腎上腺素分泌後而產生的「火災現場的驚人之力」會被發揮出來，大腦覺醒，讓專注力提升，你就能夠一氣呵成地將作業完成。

在決定工作上的完成期限時也是一樣。

一次又一次達成目標的人，是以「這個目標最快能在什麼時候達成呢？」的態度在思考期限。

假設你訂下了要在多益（TOEIC）英語測驗中拿到七百分的目標。首先，你會去查詢最近一次的考試日期，看看自己在那一天之前是否來得及準備好，如果來不及的話，就再查詢下一次的考試是在什麼時候。

這樣一來，你就會去設定自己進入伸展圈後能夠發揮自我最大潛能的期限。

另外，**要避免設定期間過長的達成期限。**如果到期限為止的期間太長的話，你將無法實際想像每日的實行計畫。

例如，針對公司的銷售額，設定了一個「十年後增加五倍」的目標，然而，對於五年後會販售怎樣的商品，會有多少的銷售額，以及十年之後員工人數會有多少等，都是無法具體想像的事情。

因此，不論是設定什麼樣的目標，最好將達成期限縮短，最長不超過一年為佳。

大企業通常會制定中長期的事業計畫，不過稻盛先生在經營京瓷的時候，認為沒必要制定長期的經營計畫。

他認為，即使制定了長期的計畫，也一定會有難以預料的情況發生，如此一來就必須修正計畫，可能有導致員工士氣低落的危險，因此，他一直以來都只制定一年期的經營計畫。

當然，如果能夠朝著長期的高目標努力不懈的話，是一件非常美好的事情。但若同時設定以一年為期的目標，達成率應該會更加提升。

把「星期幾」填進期限裡，認真度就會立刻加倍

在決定目標的達成期限時，有的人不會多想，而是隨意地寫上「這個月內」、「三個月後」、「今年內」等。

但是，請你要更謹慎地設定期限。

我非常尊敬的一位經營者H先生，他教了我一件事：**在決定目標的達成期限時，不只要寫出年月日，也要把星期幾填進去。**

一旦確認達成目標的日期是星期幾，你就能夠實際想像要與誰分享達成時的喜悅，也會因為一邊確認是星期幾，一邊反覆地看期限前的行程表，腦海中可以立刻浮現出期限到來之前剩餘的時間，以及這段期間的行動等，諸如此類的好處不勝枚舉。

聽了他的意見之後，我也開始告訴大家：「設定達成期限時，不要只寫出年月日，最好將星期幾也填進去。」

結果，我得到了許多人的迴響：「竟然是這麼簡單的事，只是將星期幾寫上去，就會認真地看待期限，託您的福，我的目標真的達成了。」我自己也非常驚訝。

另外，為了讓設定的目標更令人興奮雀躍，你可以將達成期限訂在特別的日子，這也是提高達成率的方法，例如，設定在半年後的生日前減重五公斤的目標，就可以想像自己用輕盈的體態迎接生日。而且，如果這個目標真的達成的話，將會是給自己的最棒的生日禮物了。

2.5 能讓許多人開心的目標最棒

寫出你達成目標後會為此開心的人

在你決定了「何時完成何事」的目標之後，再來就要下工夫來提升這個目標的達成率。

方法就是：「**寫出你達成目標後會為此開心的人。**」

當你達成所設定的目標時，自己會很高興是理所當然的。只是，會高興的人應該不只有你自己。請你想像當自己達成所設定的目標後會為此開心的人，並且盡可能多寫幾個人。

同時，也請你寫出這個人會感到開心的理由。

例如以下的形式：

〔不動產營業員的目標〕

今年的業績，要在獨棟物件的仲介契約數量上，拿到部門裡的第一名。

〔會感到開心的人及其理由〕

部長：部門的業績會因此增加，而且他可以看到自己培育出來的人有所成長，相信他會替我感到開心。

社長：我簽定的契約數量多的話，公司的利潤會增加，業績也會變好。

客戶：我幫客戶尋找到符合心目中條件的新房子，客戶會覺得有幸福感，也能夠順利搬家。

妻子：我的績效評量結果良好，就可以拿到為數不少的年終獎金，能和妻子一起去旅行了。

以我自己為例，則會考慮到以下這些事情。

〔未來創造律師法人代表的目標〕

今年要跟五十位經營者簽定新的顧問契約。

〔會感到開心的人及其理由〕

一起工作的員工：公司的營收和利潤增加的話，不僅員工的薪資會增加，公司的規模也會變大，能夠成為一家越來越有工作價值的公司。

新簽定契約的客戶：與未來創造團隊的相遇，成了客戶公司經營發展以及成長的契機。

既有客戶：與顧問公司的其他客戶交流，可以藉由分享各家公司的努力與心思，獲得讓公司更成長的刺激與啟發。

現在及今後的日本：由於各家公司擴大經營，利潤增加，讓國家的稅收成長，免於財政危機，就能夠建構永續發展的國家。

比起只有自己會開心的目標，能讓更多人為此開心的目標，達成率會大幅提升。

「為了某人」才會更努力

第一個理由是，**與只為了自己相比，人會為了他人而更加努力。**

例如，我們經常聽到，有人結婚時會想要「比現在更加努力，讓妻子（先生）過得幸福」，或是有人在小孩出生之後，「為了孩子，想要賺更多錢」，變得比以前更認真工作。

有一些人會拚命努力，是因為有「想要得到滿足」的欲望，例如：「想要每個月賺一百萬日圓以上，入住高級華廈」、「努力讓自己可以開名車、喝好酒」等等。

的確，欲望可以成為鼓舞自己的動力，不過，如果只是為了個人的欲望（私人利益）的話，就會有侷限性。

只是為了個人幸福的目標，在你覺得辛苦時，只要放棄自己達成目標後的快樂就沒事了，因此無法堅持下去。

你也有過以下這樣的經驗吧！當你得到客戶的感謝，聽到客戶對你說「還好有你的幫忙，真的謝謝你」時所得到的快樂，比收到客戶的金錢時的快樂還要多好幾倍。

稻盛先生說：「人很容易將自己擺在第一順位優先考慮，但實際上，不論是誰都有一顆樂於助人的心，認為帶給他人快樂是最幸福的事。」他將「積極為了身邊的人而努力」的這件事稱為「利他」，並且認為這比其他任何事更重要。

所以，你可以將目標設定為許多人都會為此開心的利他目標。

「為了某人」的努力，會得到大家的協助

第二個理由是，**讓許多人開心的目標，會得到許多人的協助。**

稻盛先生說：「再怎麼強烈的願望，如果是出自於私人利益的話，縱使得到了一時的成功，也不會長久。」

稻盛先生有一個知名的事蹟：他在創建現今行動電話ａｕ的營運公司ＫＤＤＩ之初，有半年的時間每天都反覆地自問自答：「我是否動機良善，不懷私心？」確認自

己的動機是否受到名譽或事業的欲望所驅使，是否真的有讓日本的通訊費用下降，所做的是不是對日本國民有貢獻的事情。

從古至今，地球上有無數的生物滅絕，而人類之所以能夠存活下來，直至今日還可以如此繁盛，就是因為採取了互相幫助、通力合作的「利他行動」。

人類與其他動物相比，力量確實不大，移動的速度也不快。但是，人類擅長建立互相合作的關係，也擅長組織團隊來分工合作，若是沒有這些能力的話，人類根本無法存活下來。

因此，人類的大腦裡早就被灌輸了「為他人盡心盡力」、「會協助那些為他人竭盡心力的人」這樣的想法。

如果是個人興趣或是私領域的目標，像是「希望仰臥推舉能舉起一百公斤」、「想要走遍日本的百座山岳」的話，可以把個人的快樂當作目的，不過，在設定工作上的目標時，請盡可能設定會讓許多人開心的目標。

設定會讓許多人為此開心的目標

寫出會為此開心的人

↓

・我們會為了某人而努力
・為了某人而努力的話，會得到大家的協助

如此一來，你自然會產生無論如何都要達成的執著，身邊的同伴也會給予協助，你就能夠跨越「維持現狀的偏見」的阻礙，享受在伸展圈中努力的樂趣。

2.6 目標不可以過高

讓人失去幹勁的目標

到目前為止，我提到了要成功設定目標的重點是「樂觀地思考令人興奮雀躍的目標」，因為人類有無限的可能，所以不是去想自己「能夠做的事」，而是「想要做的事」，「盡可能地設定高目標」。

不過，我的意思並不是說「目標越高越好」。

事實上，我有過慘痛的經驗。

在我們公司，每年每一位律師都要設定個人的績效目標，各自負責達成，而將各自的目標加總起來的數字，就是團隊的目標。

當時我鼓勵每一位成員說：「你所設定的不是你能夠做到的數字！而是你想要做到的數字！」請大家盡可能地設定高一點的目標。

當全體人員通力合作之後能夠達成如此的高目標的話，那份喜悅將是言語無法形容的，我想像著目標達成時的情景，感到熱血沸騰。然而，經過一年，到了年底的達成期限，有許多人都沒有達成。距離團隊目標更是遙遠。

究其原因，一言以蔽之是「目標過高」。

樂觀地設定令人興奮雀躍的目標，是一件非常好的事情，不過如果你對於所設定的目標感覺不到「可以達成的現實性」的話，在期限到來之前就會認定「反正這樣的目標是不可能達成的」，就不會有「要如何才能夠達成」的想法，而是「反正不可能達成」的想法。

於是，你的績效會明顯降低，自認為做不到而放棄，陷入了停止挑戰的負面漩渦中。此時，你所踏入的並非伸展圈，而是有著自己無法應付的巨大負擔的恐慌圈中，進入了讓自己思考停止、無法行動的典型模式。

即便如此，如果期限到來時，你能夠確實感受到所付出的努力有讓自己成長，而覺得開心或愉悅的話，也算是有收穫。然而，通常過高的目標只會讓自己覺得「完全達不到目標」，而充滿挫敗感。

將目標「數字化」之後再做決定

為了避免設定過高的目標，我建議**試著先將所設定的目標之難易度進行數字化，來驗證看看。**

假設你是一位壽險業務員，正在設定明年度的銷售目標。你今年的銷售額是四百萬日圓，如果你在明年按照原本的作法，不做特別的努力，也不採取新策略的話，也可以達到差不多的銷售金額，這樣的話，四百萬日圓的難易度是「零」（不需要任何全新的努力也能夠達成的目標）。

另一方面，我們來試著設想最好的結果：你拓展了人脈，學習保險業務、增加商品知識，獲得許多約訪的機會，也加強了業務技巧等，所有能做的努力都做了，而且還得到幸運之神的眷顧。

假設在這樣的情況下，所達到的銷售額是一千萬日圓。
那麼，達成一千萬日圓銷售額的難易度是「一百」（努力與好運都達到最大極限的狀態）。
像這樣將目標的難易度進行數字化之後，若是程度超過「一百」的目標，就是「過高的目標」，因此並不適當。而程度為「十」或「二十」的目標也因為太過簡單，並不會令人興奮雀躍，也就讓人提不起幹勁。
因此，在「零」到「一百」之間，盡可能地將目標設定在難易度稍微高一點的地方，差不多是七十至八十左右的程度，才會讓自己到最後都保持著興奮雀躍感，達成率才會提升。
這與透過重量訓練來增加肌力的過程很類似。
在進行肌力訓練時，如果使用的是很容易就能夠舉起的槓鈴，不管舉多少次，給予肌肉的刺激都是不夠的，肌肉當然不會變壯（舒適圈）。

舉起有適度負重的槓鈴，讓肌肉感受到壓力，肌纖維有所成長，肌肉才會變壯（伸展圈）。

而且，下一次你就能夠舉起更重的槓鈴。

不過，如果你一開始就勉強自己去舉起過重的槓鈴的話，就會因為負重過大而讓自己受傷（恐慌圈）。

「過猶不及」，因此，請你試著將標準放在非常接近恐慌圈的伸展圈上，再來設定目標。

在三個月前決定好目標

最後，我來說一下設定目標的時期。

一旦你將目標設定好之後，就要進入第3章會說明的「第2個步驟」，開始思考實行計畫。

第2個步驟是「悲觀地計畫」，要一邊預測所有會發生的狀況，一邊謹慎地思考

試著將目標數值化

難易度	銷售額	
100	1000 萬日圓	……努力與好運都達到最大極限
80～70	700 萬日圓	……適當的目標
0	400 萬日圓	……很容易達成

行動計畫。

在這個步驟中，有可能會發生「咦？這個目標的難易度比想像中更高」、「這個目標果然還是無法達成」等這些狀況。

這時，你就必須重新考慮所設定的目標，並重新制定行動計畫，需要耗費一些時間才能夠進入執行的步驟。

但是，在以下的情況中：

- **決定明年度的銷售目標。**
- **決定在邁入三十歲之前的最後一年應該要完成的事。**
- **決定夏天來臨之前的瘦身目標。**

這些挑戰的期限是早就訂好的，即便設定目標或制定實行計畫的時間拖長了，也沒辦法延後必須達成的期限。

所以，你必須先預想到，從開始構思到決定好目標的過程可能會花費很多時間，盡可能早一點開始構思。

每年都持續達成自己所設定之目標的人，在目標的設定上有一個共通點，就是很早就開始構思次年的目標。

例如，在結算日期為三月底的公司，有許多人在三月都忙著要達到該年度的預算，就無暇思考下一年度的事。一直要到三月底或是新年度開始的四月，才會去思考新年度的目標。

然而，像這樣等到新的年度都開始了才設定的目標，就會欠缺深入的構思和周密的計畫，很容易變成「因為今年度沒有達成，所以明年度就設定與今年度相同的目標」或是「今年度的結果是這樣的話，明年度再增加十％的銷售額就很好了」這樣的情況。

P公司是我當成經營榜樣的公司之一，他們在結算的三個月之前就開始製作下一年度的預算。在樂觀地構思之後，仔細地制定周密的計畫，一旦發現目標過高，就再度回到樂觀地構思，總共耗時三個月來設定目標。

對於無法更動達成期限的目標，「提早開始構思」是提高達成率的祕訣。

到目前為止，我說明了有關目標設定的方法如下：

- **設定會讓自己興奮雀躍的目標。**
- **向已經達成相似目標的人請教。**
- **設定有截止期限且可以驗證的目標。**
- **設定具體且期間不會過長的期限。**
- **設定達成時會有許多人開心的目標。**
- **不設定過高的目標。**

如果你設定的目標符合這些條件的話，那麼達成率應該會有相當程度的提升。在下一章，我將介紹要達成目標的實行計畫之制定步驟。

2

把目標設定成「你想要做的事」

重點摘要

❶ 目標並非設定「能夠達到的數字」，而是「想要達到的數字」

❷ 在設定目標時，不要去想「該怎麼做」

❸ 向「目標達陣的人」請教
→可以變得比較樂觀
→可以發覺到自己的潛在可能
→能夠得到別人的幫助

❹ 讓目標可以「驗證」，並且決定好「期限」

❺ 將「星期幾」填進達成期限裡

❻ 寫出目標達成時會為此開心的人

3

從終點倒算回來，一定能達成目標

Goal Achievement
How to Get the Best Results

3.1 倒算的基本是「階段性目標」

超級重要的中間目標（階段性目標）

在你設定好「何時完成何事」的令人興奮雀躍的目標之後，接下來就要制定具體的實行計畫（行動計畫）。

實行計畫的制定，是以**徹底地從終點開始倒算並思考**來著手。

倒算包括「時間上」的倒算（階段性目標），以及「領域上」的倒算（分類）。

其中，**時間上的倒算是最基本的。**

例如，有一個目標是要在三個月內蓋好房子。

- **在最後一個月要完成內裝和外觀　↓因此**
- **在中間的一個月要立好梁柱，完成牆壁和屋頂　↓因此**

・在最初的一個月要完成基礎工程

等等，以此來倒算。

將目標最終達成期限之前的期間劃分成幾個階段，每個階段應該呈現的狀態就是「中間目標」（階段性目標）。

你在工作時，也會將工作期限與目前的進度相比較，然後設想階段性的計畫吧！例如：「這個星期必須要完成簡報的資料，所以今天一定要將這一部分完成不可。」

在制定實行計畫時，首先必須思考階段性目標的理由有二。

第一是**為了確定前進的方向**。

特別是在距離達成期限還有很長時間的情況下，如果沒有中間目標，就不知道該從哪裡開始才好，會有往錯誤方向前進的危險。

例如，有人請你從自家出發前往非洲的吉力馬札羅山時，當下你也許無法想像要怎麼過去。

不過，如果有人告訴你：「吉力馬札羅山位在非洲的坦尚尼亞。要到坦尚尼亞的話，可以從肯亞的奈洛比搭乘坦尚尼亞精密航空（Precision Air）前往。而要到奈洛比的話，可以從泰國曼谷搭乘肯亞航空（Kenya Airways）前往。若要前往曼谷，可以從成田機場搭乘直達班機。」這麼一來你就會有一個概念，知道如果要去吉力馬札羅山的話，可以從成田機場搭機，再轉搭兩趟飛機就可以到了。

像這樣設置階段性的目的地，你就能夠明確地掌握「首先出發前往成田機場」這個方向性。

因此，階段性目標要是訂得太籠統或太詳細，都發揮不了作用。你可以將達成期限之前的這段期間，切割成三至八段來設定目標。

例如，有一個人連三公里的距離都沒有跑過，突然想要在半年後跑完一場全程馬拉松，因為不知道要從哪裡開始準備，正感到困惑。

如果從半年後依序往前倒算回來的話，可以思考如下：「在跑全程馬拉松（42.195公里）當日的前一個月（第五個月）希望能夠跑三十公里。這樣的話，再往前一個月（第四個月）的目標是要能夠跑二十公里。依此類推，在練習開始之後的第三個月希望能夠跑十五公里，第二個月希望能夠跑十公里，第一個月希望能夠跑五公里……」

同時，為了培養基礎體能，在最初的一個星期先從走路三十分鐘開始，然後逐漸拉長走路的時間，第二個星期的中間目標是要能夠持續走六十分鐘，諸如此類的這些決定，可以讓自己當天應該要完成的事情變得更明確（114頁圖）。

設置階段性目標

目標　跑完全程馬拉松

〈階段性目標〉

（第一週）• 走路 30 分鐘

完成！

（第二週）• 走路 60 分鐘

完成！

（第三週）• 跑 3 公里

完成！

五個月前（第一個月）• 跑 5 公里

完成！

四個月前（第二個月）• 跑 10 公里

完成！

• 在 30 分鐘內跑完 5 公里

⋮

完成！

一個月前（第五個月）• 跑 30 公里

⋮

倒算　**Goal 跑完全程馬拉松**

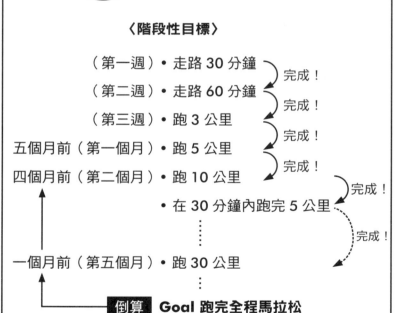

只要達成中間目標，就能夠維持幹勁

應該要思考階段性目標的第二個理由，是因為在你**達成階段性目標之後，心情會很好，比較能夠維持向下一個階段性目標前進的動力。**

例如，雖然你為了半年後的馬拉松比賽訂下了要培養體力的目標，卻可能因為比賽是很久以後的事而喪失戰鬥力。

不過，如果這段期間你可以陸續完成中間目標，例如能夠持續走三十分鐘了，能夠持續走六十分鐘了，能夠跑三公里了，能夠跑五公里了，就會實際感覺到自己一直在朝終點前進，也會想要往下一個階段性目標繼續加油。

就好像有許多公司，為了提高年度銷售目標而設置階段性目標，將銷售目標分為每個月（按月）或是每三個月（季度）做為中間目標，這樣的管理方式十分常見。

如果是期間為一年的目標，就設定每個月的中間目標；如果是期間為一個月的目標，就設定每週的中間目標。

例如，你設定了「要在五個月內減掉五公斤」的瘦身目標，就要像下列這樣安排每個月的階段性目標：

第一個月：減二公斤
第二個月：減一公斤
第三個月：減一公斤
第四個月：減〇・五公斤
第五個月：減〇・五公斤

要請你留意的是，「在五個月內減掉五公斤，並不是一個月瘦一公斤就好」。減重時，雖然剛開始很容易瘦下來，但即使持續相同的方法，也會越來越難減重。

因此，在訂立計畫的階段就要先預想到這一點，然後設定「第一個月減二公斤，但是最後兩個月各減〇・五公斤就好了」的階段性目標。

在設定銷售目標時，也有類似的訣竅。

假設你要開始販賣新產品時，訂立了「三個月販售一萬個」的目標。在剛開始販售時，產品的知名度較低，需要花費一些心力在促銷活動上，不過一旦產品順利地滲透進消費者心中之後，就會開始熱賣。

在這樣的情況之下，我認為第一個月的中間目標要設定的並不是販售的數量，而是新產品的知名度。

首先，請你試著站在終點的角度思考，若想要達到最終目標的話，在中途點必須是什麼樣的狀態，再來設定「何時要成為這樣的狀態」、「何時要進展至此」這些階段性目標。

3.2 「分類」上的倒算

將複雜的目標分成數個領域

在你設置了中間目標（階段性目標）之後，請先設想要完成第一個階段性目標需要做什麼。如果你馬上就有想法浮現的話，可以立刻著手制定行動計畫。

但是，一旦達成目標的條件和要素變得複雜後，即使你設置了階段性目標，也可能無法確切地想像出應該怎麼做才能夠完成這個中間目標。

此時，你就有必要將目標按各種領域加以細分，也就是進行「**分類**」作業。

如果將階段性目標當成是「時間」這個橫軸的倒算，那麼分類就是「領域」這個縱軸的倒算（123頁圖）。

也就是說，將達成目標所需要的行動，依照各種領域區分之後，再思考行動計畫。

以下所舉的案例並不算複雜，在分類的方法中屬於較單純的例子，因此我試著列舉出來。上面的部分是領域，箭頭（⇩）以下是分類之後的行動計畫。

◎減重目標：五個月減重五公斤

・抑制熱量的攝取 ⇩ 限制糖分的攝取，減少飲酒聚會，晚上九點以後不進食

・增加熱量的消耗 ⇩ 藉由慢跑、肌肉訓練來增加代謝率

◎美容院的目標：業績比去年高一・五倍

・增加客源 ⇩ 網路廣告，拜託熟客幫忙介紹

・提高客單價 ⇩ 推薦客人燙髮和染髮，增加洗髮精及化妝品等產品販售

◎餐飲店的目標：利潤為去年的兩倍

・增加平日的來客數 ⇩ 網站更新，成為一家可以在美食評論網站 Tabelog 上受到好評的店

例子：試著對汽車銷售的目標進行分類

目標　一年銷售 50 輛新車

上半年要賣幾輛
（1～6月）
例如：20 輛

下半年要賣幾輛
（7～12月）
例如：30 輛

階段性目標

一月…2 輛　　五月…3 輛
二月…2 輛　　六月…3 輛
三月…6 輛 ← 三月和九月是半年度結算期，容易預先估算，因此設定多一點
四月…4 輛

〈細項〉

- 輕型車（660cc 以下）　20 輛
- 轎車　25 輛
- 輕型貨車　5 輛

- 換車　30 輛
- 第一次買車　20 輛

↓

開始制定行動計畫

・提高休假日的客單價⇩調整價格，增加限量的特別菜單
・降低食材的成本⇩更換供應商，藉由大量採購來要求降價

我們再來看看比較複雜的公司業務案例。

例如，有位保險業務員對於年度銷售目標，設定如下：「要達到一千萬日圓的佣金收入。」由於保險的種類眾多，客戶也包括了各行各業，就很難設想應該要採取何種行動才能夠達成目標。

此時，你要將銷售額的中間目標，按照保險的種類，以及客戶的屬性、契約的種類來進行分解。同時，試著將各項的數值目標設置在階段性目標（橫軸）上。

例如，以一年一千萬日圓的銷售目標來說，每三個月的階段性目標為二百萬日圓⇩四百萬日圓⇩六百五十萬日圓⇩一千萬日圓。

然後將各種領域以下述的觀點進行分類，形成縱軸，設定出的每個中間目標就如123頁的圖表所示。

．**商品屬性（是人壽保險？還是產物保險？）**

．**客戶屬性（是法人客戶？還是個人客戶？）**

．**契約屬性（是現有客戶的續約案件？還是新契約案件？）**

像這樣按照屬性分類之後再設定階段性目標的話，就比較能掌握達成目標的重點所在，以及行動計畫的思考方向。

以這個保險案例來說，從數值上占比較高的項目來看，能否在人壽保險的法人案件上獲得新合約，似乎就是達成目標的關鍵。

如此一來，你就能夠設想下列的行動計畫：提早與保險快要到期的客戶聯繫，不要流失掉任何一位續保的客戶，同時，也針對法人舉辦資產運用講座，想辦法增加新客戶。

有關具體上要將何種要素及項目放置在縱軸上來分類，並沒有一定的規則，不過，在思考實際行動的性質時，先區分應該採取的行動之方向性，再訂立個別的行動計畫，

分類的案例

目標　年銷售額 1000 萬日圓

← 階段性目標 →

分類		三月底 200 萬日圓	六月底 400 萬日圓	九月底 650 萬日圓	十二月底 1000 萬日圓
商品屬性	人壽保險	150 萬日圓	300 萬日圓	480 萬日圓	750 萬日圓
	產物保險	50 萬日圓	100 萬日圓	170 萬日圓	250 萬日圓
顧客屬性	法人	100 萬日圓	250 萬日圓	450 萬日圓	750 萬日圓
	個人	100 萬日圓	150 萬日圓	200 萬日圓	250 萬日圓
契約屬性	新契約	3 件	8 件	15 件	30 件
	續約	5 件	10 件	15 件	20 件
累計銷售		200 萬日圓	400 萬日圓	650 萬日圓	1000 萬日圓

就更容易掌握達成目標的重要性與優先度。

以前面的圖表案例來說：

- **商品屬性**：雖然人壽保險的成交難度比較高，但屬於高額商品；產物保險的話，對於屋主或車主而言則是門檻較低的商品。
- **顧客屬性**：法人客戶較重視商品內容，個人客戶較重視介紹。
- **契約屬性**：續約是避免讓客戶跑掉的守成業務，而新契約則是重視約訪次數的進攻業務。

藉由這樣的分析，你就更能想像行動計畫的難易度及其對結果的衝擊。

3.3 把「只要去做就一定能做到的事」列入行動計畫

要計畫行動，而非結果

在你將目標數值按照領域分類，並劃分期間，設置好階段性目標之後，接下來就要決定達到階段性目標的行動計畫（Action plan）。

例如，有位汽車經銷商業務員設定了「在這個月底前要賣出三輛新車」的中間目標後，就設定下列的行動計畫，只要做到這些，應該就可以賣出三輛新車。

- **打電話給十位現有的客戶，向他們介紹改款車輛，推薦給他們換車。**
- **打電話給三十位現在開其他品牌車輛的友人，建議他們換車。**
- **寄送最新款車輛展示會的通知明信片，給交換過名片的一千個對象。**

在決定行動計畫之際，只有一個規則。

就是把「只要去做就一定能做到的事」列入行動計畫。

如果你不知道這項規則，就無法制定達成率高的行動計畫。

例如，有位壽險業務員設定了「一個月要賣出三張儲蓄型保單，一年要賣出三十六張儲蓄型保單」的目標。

此時，如果他制定了以下的行動計畫，是很危險的。

【1】每個月認識二十位社長，並且交換名片。

【2】舉辦資產運用講座，並且邀請三十位社長來參加。

原因是，【1】即使每個月想要與二十位社長交換名片，卻無法保證可以認識到二十位社長，【2】即使舉辦了講座，會不會有三十位社長來參加，也要看對方的興趣和行程安排。

把「只要採取行動就能做到的事」列入行動計畫

所以，在這種情況下，並不是將【1】和【2】當作行動計畫，而是將其設定為中間目標，再重新思考只要去做就一定能做到的行動計畫，如下：

【中間目標1】

這個月要認識二十位社長，並且交換名片。

⇩

【行動計畫1】

・這個月要參加三次有經營者參加的交流會，並且與初次見面的與會人員交換名片。

【中間目標2】

在下個月底舉辦資產運用講座，並且邀請三十位社長來參加。

⇩

【行動計畫2】

- 寄送電子郵件給已經交換過名片的八百位社長，介紹講座的內容，邀請他們來參加。
- 對於可能有這方面需求的五十人，在一個月前直接用電話邀請。

我們無法選擇結果，卻可以選擇行動。因此，不是要操控「每個月與二十位社長交換名片」這個結果，而是專注在操控「每個月參加三次交流會」這個行動。

而且，當你主動向對方說：「我和您是初次見面吧！請容我向您寒暄幾句。」對方通常不會拒絕交換名片。如此一來，「與第一次見面的人全部交換名片」這個行動，只要去做的話就一定可以完成。

【2】也是一樣，並不是將集客的結果列入行動計畫，而是要將集客的方法制定成行動計畫，這是讓你更容易達成目標的訣竅。

提高最近一次行動計畫之準確度

我們要依照各個階段性目標來制定行動計畫。

如果是以每個月來設置階段性目標的話，雖然是制定「最初一個月的行動計畫」、「下一個月的行動計畫」，但這些計畫不必具有相同的準確度。

因為時間越久遠以後的事，越難以想像，而且實際按照計畫執行時，也經常遇到無法如預期完成中間目標的情況，就必須重新檢視之後的行動計畫。

對於超過一個月的行動計畫，可以先制定大概的內容就好了，要將重點放在思考完成最初的階段性目標所需的行動計畫。

特別重要的是，要具體地寫出今天和明天要做的事。

以前面的例子來說，對於「在下個月底舉辦資產運用講座，並且邀請三十位社長來參加」這個中間目標，如果沒有事先去找並預約講座會場的話，就不能夠宣布要舉辦這個活動。

所以請先想清楚先後順序，再如下列詳細地思考行動計畫。

・利用網路先搜尋可以預約的會場，並且將候選的場地鎖定在三個以內（今日內）

・打電話給三個列入候選的會場詢問，並且預定下來（今日內）

・勘查會場之後，決定要在哪一個會場舉辦（明日內）

・完成告知講座訊息的電子郵件（明日內）

3.4 以防「萬一」的八成規則

像檢查答案卷那般檢視行動計畫

在設定好令人興奮雀躍的目標、安排好行動計畫之後，人通常會因為想要立刻開始執行而變得焦急不安。

然而，目標達陣高手卻會在此時回頭檢視，看看計畫有無遺漏之處，是否為足以達成中間目標的萬全行動計畫。

這就好像是要將自己寫好的答案卷交出去之前再檢查一次的概念。

檢視的重點在於：「行動計畫是否以精力、體力、運氣都齊備的前提之下，制定出來的？」

就如同稻盛先生所言，達成目標的第 2 個步驟（行動計畫的制定），必須要悲觀且謹慎地進行。

目標達陣的路徑，就跟人生一樣有三種情況。

第一個是「上山」，不管做什麼都很順利的一帆風順。
第二個是「下山」，不管做什麼都不順的逆風。
第三個是「萬一」，發生意想不到的事而完全止步。

在興奮雀躍的狀態下設定好目標之後，延續這種興奮感來制定實行計畫的話，便會認為只要所有一切都按照完美的計畫來進行，將會跟料想中一樣完全是上山的狀態。然而，並非所有事情都那麼美好。

由於我的工作是律師，看到許多人陷入了「萬一的圈套」中。

例如，因為客戶倒閉導致收不回應收帳款，讓自己的公司也受到牽連而破產的建設公司老闆；因為員工違法捲款潛逃，以致陷入困境的餐飲店老闆；由於受到氣候影響導致水果品質不佳，無法將許多已經下單的水果禮盒順利出貨的農家等。

客戶突然倒閉了，失去大客戶，一時之間自己的銷售目標變得難以達成，或是原本充滿幹勁地說：「這個星期的客戶約訪有十件，雖然會很忙碌，但是我會加油的！」卻因為得到流感而無法出門等，曾經遇到預料之外的事情而想慘叫說「怎麼會這樣！」的人應該不少吧！

回想看看，不論是誰，一年內總會發生一、兩次「怎麼會這樣！」的狀況。因此，預先料想到會發生意想不到的事，設想好可能會產生的所有問題，然後謹慎地思考對策，制定可應付突發狀況的行動計畫，是必要的。

要悲觀地預設四次裡會有一次無法做到

制定實行計畫的重點，在於縝密度及謹慎度要達到悲觀的程度。

當意料之外的狀況發生時，不能推託說是「運氣不好」，而是在思考行動計畫時，就先設想會有「下山」或是「萬一」這種不順利的情況發生。例如：

【中間目標】

在下個月底舉辦資產運用講座，並且邀請三十位社長來參加。

【行動計畫】

・寄送電子郵件給已經交換過名片的一千位社長，介紹講座的內容，邀請他們來參加。

・對於可能有這方面需求的五十人，在一個月前直接以電話邀請。

以這個案例來看，能夠做到讓三十位社長來參加，就是上山的狀態。

但是，如果有設想到無法如願集客的下山情況，就可以先考慮到下述的備用行動計畫：「在講座舉辦前的兩個星期，若是報名人數不到二十位的話，就要用社群媒體和電子郵件再次通知講座的舉辦訊息。」

甚至，也可能發生在講座舉辦當天下大雪，不得不緊急停止舉辦的這種「萬一」的情況（我的公司所企畫的講座，就曾經歷過這種狀況）。

因此，以一年預定舉辦四次講座來說，制定行動計畫時要留有餘裕，讓自己即使

制定行動計畫時重要的事

❶ 從「只要去做就一定能做到的事」開始著手

↓

採取行動的話就能做到

❷ 務必要檢視

↓

要悲觀得剛剛好

❸ 決定好「不做的事」

↓

解釋成是肯定式的行動

❹ 公開說出目標

有一次被迫停辦，還是可以達成最終目標，這才是「悲觀地計畫」。

與積極且樂觀主義的人相比，注重邏輯且計算能力強，又容易操心的人，更擅長制定縝密且謹慎的計畫。

我屬於非常容易操心的個性，所以在律師考試之前，為了要準備正式考試會出的六十道考題，我做了一萬道模擬試題和考古題，也想到如果考場周圍很吵的話自己會受到影響，還準備了耳塞帶進考場。

還有，第一次參加馬拉松比賽之前，我實際跑了兩趟四十二公里當作練習。

當然，在設定計畫的階段太過於謹慎也不好，不過，在達成目標的路徑中，以上山占八成，下山和萬一占兩成的想法來制定行動計畫，這樣剛剛好。

另外，極端樂觀性格的人，不太會設想下山及萬一的狀況，最好拜託縝密且謹慎型的上司或同事，來幫忙確認你所思考的行動計畫。

稻盛先生說：「**在採取行動之前，要深思熟慮，直到能清晰看見。**」

這是指對於怎麼做才能夠達成目標，要不斷重複地在腦海中模擬「要這麼做，要那麼做」，思考到雖然什麼都還沒有開始做，卻感覺已經可以看到目標達成那一瞬間的彩色影像。

如果能夠愈謹慎地制定出縝密的計畫，應該就能夠更有自信地往第3個步驟（執行計畫）前進。

3.5 你也要決定「不做的事情」

如果不決定不做的事，你將無法採取行動

你設定好了令人興奮雀躍的目標，也設置好階段性目標，行動計畫看起來也不壞，卻還是覺得很難達成嗎？會有這種感覺的人，是因為制定的行動計畫太多了。

比如說，你制定了「每個月參加三次有經營者參加的交流會，並且與初次見面的與會者交換名片」這個計畫。

目的是為了可以與更多經營者簽定合約，想要多認識其他經營者，所以計畫本身沒有問題。而且，制定計畫的人也是幹勁十足。

然而，實際情況卻是：

．應該要參加交流會的當天，日常業務還沒有做完。

・還沒有打電話邀請對方來參加講座。

・最近因為連續加班，每天都很晚回家，讓老婆不高興。

・為了健康，想要開始運動，與同事約好每週一次下班後去踢五人制足球。

所有的行動計畫都半途而廢。

這樣一來，你是不可能達成目標的。

思考新目標是一件快樂的事，很容易變成「這個也想做，那個也想做」，但是時間是有限的，不論是誰，一天都只有二十四個小時，一年只有三百六十五天。

如果你的時間非常充裕，即使為了達成目標而制定許多行動計畫，也能夠一一執行；然而，如果你每天都很忙碌，又因為「這個也想做，那個也想做」而追加了許多行動計畫，最後只會讓所有的行動計畫都無法實踐。

因此，為了要達成目標而制定「要這麼做」的行動計畫時，也必須決定「這個就算了」的「不做的事」。

例如：

・為了確保練習打高爾夫球的時間，要減少看高爾夫球節目的次數。

・為了確保每天早上學習金融知識的時間，半夜不要追劇，早一點就寢。

・為了每週看一本書，決定不要開車到公司，改搭電車。

像這樣，為了要有時間做那些自己決定要做的事情，就要決定明天開始要放棄的事情。

如果你不先決定不做的事情，或許也可以等到事情撞期時，再冷靜地選擇優先事項並採取行動，然而，天不從人願：

・週末有多益英語測驗的考試，你卻忍不住看了預錄的電視節目。

・必須在一個小時內完成企畫書，你卻因為收到聚餐的邀約郵件，先回覆郵件。

就像這樣，人類的大腦傾向於以「想做」、「不想做」的情感來判斷，而不是以客觀的優先順序來判斷。

將「不做的事情」解釋成肯定式的行動

有一個小技巧可以騙過這樣的大腦，那就是將「不做的事情」解釋成肯定式而非否定式。舉例來說：

- **為了確保睡眠時間而不熬夜。**
- **因為太浪費時間，不要看社群媒體看太久。**
- **聚餐結束後不去續攤。**

像這樣以否定式去想不做的事情，大腦就會負面解讀成「被迫要忍耐」。

因此，你可以這麼做：

- 為了確保睡眠時間而不熬夜。

改為⇩**每晚十二點之前就寢。**

- 因為太浪費時間了，不要看社群媒體看太久。

改為⇩**搭電車時再看社群媒體。**

・聚餐結束後不去續攤。

改為⇩**晚上十點前要回家。**

把「不做的事項清單」變成「要做的事項清單」之後，雖然還是同一件事情，但是可以讓自己轉換成「向最終目標邁進」這種正面的想法。

我的客戶D社長，年輕時很喜歡喝酒，我以前也有好幾次陪他喝酒到深夜。不過，當D社長決定「要讓公司上市」的那一天起，他戒酒了，並且將喝酒的時間改用在工作和睡眠上。這種貫徹到底的態度令人瞠目結舌，而且他只花了短短三年的時間便達成讓公司上市的這個大目標。

直到現在，D社長也不喝酒，全力往下一個目標衝刺。

我聽這家公司的資深管理幹部說，最近剛進公司的新員工都還以為社長是不能喝酒的體質呢！

我不僅是律師法人代表和多家企業的非執行董事，自己也成立稅務士法人和諮詢公司，並就任為代表，很幸運地過著忙碌的每一天。然而，我是易胖體質，又很喜歡吃東西，因此會留心讓自己在工作以外的時間做適度的運動。

現在又加上「編寫這本書」這個令我興奮雀躍的高優先任務，為了要將時間用在寫作上，就必須決定不做的事情。

因此，我決定減少與客戶的飯局和上健身房的次數，也減少了一些睡眠時間。當然，這只限定在完成書稿前的這段期間。

我已經養成了「在展開新的挑戰時，會放棄之前所做的某一件事」的習慣，不會認為這是在忍耐。

將漫不經心浪費掉的時間，轉變為讓自己成長的充實時間，這樣的情況也讓我打從心裡覺得很享受。

3.6 公開目標

只要公開目標，潛意識就會發揮作用

當你設置了階段性目標，制定好行動計畫，達成目標的第2個步驟就幾乎完成了。

但還有一件需要你去做的事。

那就是將你的目標公開讓周圍的人知道，做出達成宣言。

也許有人會認為「我不想讓其他人知道自己的目標」、「我想要先保密，等到達成時再宣布」，然而，公開目標的話，具有讓達成率快速成長的三種效果。

第一個是**能夠利用潛意識，讓好的想法浮現出來**。

你是否也曾經有過在認真思考新企畫案時，走在路上突然靈光一閃的經驗呢？或者剛好報紙上刊登了可以讓你用來參考的報導？

每當你將目標說出口，或是寫成文字時，這個目標就會深入你的潛意識裡，並且給後續的靈感和行動帶來好的影響，這被稱為「**促發效果**」（Priming Effect）。

哈佛大學為了驗證這個效果，做了一項很知名的調查，我來介紹一下。教授向學生詢問：「你們有自己的目標嗎？」結果得到如下的回答：

- **八十四%的學生沒有目標。**
- **十三%的學生有目標，但是沒有寫在紙上（腦海中有目標）。**
- **三%的學生有目標，並且有寫在紙上（公開目標）。**

將目標寫在紙上的學生只有三%而已。

十年過後，他們對已經在各行業就職的同一批畢業生再次進行調查，學生時期有目標的十三%人士，平均年收入比起沒有目標的八十四%人士多出了大約兩倍。

更讓人驚訝的是，有將目標寫在紙上的三%人士，平均年收入比其他九十七%人士多了十倍。

稻盛先生說：即使是在睡覺時，潛意識仍然在作用中，因此讓自己懷有能夠發揮能力的強烈願望，是達成高目標的祕訣。

公開目標的話，可以擺脫惰性

公開目標的第二個效果，是**可以給自己正向的壓力**。

日本人多半認為與口說大話的人相比，默默地冷靜執行、只做不說的人，比較謙虛且給人較好的印象。不過，如果只做不說的話，很容易發生打馬虎眼的情況。

當你決定「今年要拿到公司內部業績的第一名」卻沒有公開的話，等到接近年底時，若是達成業績有困難的話，你就會安慰自己說：「我設定的目標太高了」、「雖然拿不到第一名，但可以進入公司內部的前五名的話，也很厲害吧！」等，打馬虎眼地安慰自己說，沒有達成目標是沒辦法的事。

於是，你撞上「維持現狀的偏見」這道高牆，被反彈回去，再度安於舒適圈中。

可是，如果你公開目標的話，就不會這樣了。

當接近年底卻難以達成業績時，因為你已經公開讓大家知道了，就非得要想辦法不可。

於是，你會試著採取各種行動，像是：「這個月內一定要再簽五份合約」、「雖然明知道希望渺茫，但是還差十份合約，就用電訪來試試看」、「去拜託前輩，看看他能不能幫我介紹客戶」等，不到最後不輕言放棄。

這麼一來，你很自然地就能夠跨越「維持現狀的偏見」這道高牆，進入伸展圈，發揮出最佳績效。

在美國職棒大聯盟（Major League Baseball）刷新無數紀錄的鈴木一朗選手，在小學畢業紀念冊上寫著：「我的夢想是成為一流的職棒選手。……當我成為一流的選手，可以參加比賽的話，我要分發招待券給每一位非常照顧我的人，請他們來替我加油，這也是我的夢想之一。」網球選手錦織圭也曾經寫下「我的夢想是成為世界冠軍」，這些都是眾所周知的事。

他們公開自己的目標，讓自己在伸展圈中不斷地成長。

公開目標的話，會得到他人的協助

公開目標的第三個效果，是**可以讓身邊的人支持你，甚至協助你**。

我們都沒有讀心的超能力，不管你有什麼目標，如果沒有說出來的話，別人是不會知道的。

例如，你被診斷出有代謝症候群之後，下定決心要減肥，卻沒有告訴太太，當她看到晚餐還剩下很多時，一定會露出不開心的表情說：「這些都是特別為你煮的菜，結果卻剩這麼多，那以後我不煮了。」

不過，當你公開說「為了健康著想，我決定要瘦一點」的話，或許太太做菜時會特別注意熱量，並且增加蔬菜量，為你製作瘦身料理，一起幫助你減重。

當然，只有在你的目標達成後會讓許多人開心的情況下，才能夠得到身邊的人的協助。

舉例來說，即使你公開了目標說「這個月要談成二十個案件」，但動機是「想要得到社長獎，受到大家的矚目」，或是「想要拿到特別年終獎金，去買渴望很久的手錶」等這種私慾的話，周圍的人會認為你是個「自私的傢伙」，別說幫助你了，根本就會完全無視於你的目標。

不過，如果你的出發點是「想要讓更多客人知道我們公司優質的服務」、「自己也想要對公司的年度目標有所貢獻」，這樣訂出來的目標，或許會得到前輩幫忙出主意，或是其他部門的同事會幫忙介紹一些潛在客戶。

不只有自己會開心，而是許多人也會開心的目標，具有不可思議的能量，不但能夠讓你更努力，還會影響到身邊的人。

有的人會覺得「無法達成自己公開的目標，很丟臉」而不想要公開。

但是，**即使你沒有達成目標，周圍的人也不會覺得你很遜**。更不用說那些跟你一起為了達成目標而竭盡心力的人，他們還會為你的挑戰而拍手鼓掌呢！

會認為自己「好糗」、「沒骨氣」的，就只有你自己。

我工作上的夥伴F，在工作之餘把田徑運動當成興趣，即使已經過了四十歲，仍是世界壯年運動會的跑者，在亞洲及世界大會中獲得獎牌。

他經常在社群媒體上公開自己的目標：「在今年的大會上，我一定要拿到金牌！」「目標時間是幾秒！」

雖然F不一定能達成這些目標，不過，身邊的朋友都知道他是在工作結束之後，還不斷地進行嚴格的訓練，不管結果如何，都會真心地給予聲援：「希望你在下一次的競賽中繼續加油喔！」

有許多人在社群媒體上不是公開自己的目標，而是只寫出自己的成功事蹟，然而，像F這種言出必行且勇於挑戰的態度，獲得了許多人的共鳴，而F也因為大家的支持而能夠更加努力，這就產生了相乘效果。

在設定好目標之後，請你務必要將目標公開。比如說：

・在討論演講會舉辦事宜的會議上，討論到集客方法時，向與會人員宣布：「我要召集到一千人！」

・在公司的春酒上宣告說：「我今年一定要拿到公司第一名的業績！」

・在朝會上向同部門的人宣布說：「我這個月要每週兩天在上班前到咖啡館讀市場行銷學的書籍。」

・在社群媒體上向朋友宣布：「在梅雨季結束之前，我要將體重減輕三公斤。」

不管以什麼樣的形式都行，請試著公開你的目標。

可以的話，請你也寫在紙上。

方法很簡單，只要將以下七個項目寫出來就好了。

這麼一來，達成目標這件事就會深入你的潛意識當中，最後的達成率一定會提升。

1 要達成的目標（可衡量的）

2 達成期限（連星期幾也要填進去）

3 在你達成目標後會為此開心的人（盡可能多寫一些人）

4 階段性目標或是經過分類的中間目標

5 要達成中間目標的行動計畫

6 為了執行行動計畫而決定「不做」的事

7 要對誰公開目標（盡可能多寫一些人）

3

從終點倒算回來，一定能達成目標

重點摘要

❶ 設定朝目標邁進的「階段性目標」

❷ 將目標「分類」為各種「領域」

❸ 像檢查答案卷般多次檢視行動計畫

❹ 決定「不做的事情」

❺ 向身邊的人公開自己的目標

4

下定決心後，只要貫徹到底就行了

Goal Achievement
How to Get the Best Results

4.1 把最簡單的事放在第一步

如果以跑馬拉松為目標，第一步是「買鞋子」

在樂觀地設定目標、悲觀地制定行動計畫之後，就要進入目標達陣的最後一個步驟了：執行自己決定好的行動計畫。

在執行計畫的這個步驟中，最重要的是要正向且樂觀地相信「自己絕對能夠達成」，然後積極地往前邁進。

當你真的開始執行計畫之後，也許結果會不如預期，或是因為遇到挫折而想要放棄。因此，本章要介紹的是，如何保持積極向前的心態，以及在事與願違的時候該如何修正路線。

首先，在你往達成目標的方向前進時，順利地從起跑點出發的訣竅，在於將最容

易做到的行動計畫放在最初的第一步。這就好像在吃便當的配菜時，大多數人會先選最喜歡的東西開始吃一樣。

不論是誰，在開始執行計畫的第一天都是興致高昂、熱血沸騰的。像是學生時期剛加入社團、成為社會新鮮人剛進入公司上班、被選為專案成員的一分子並參加第一次會議等，在新挑戰開始時，你進入伸展圈中，體內的腎上腺素分泌，動力滿滿。

你好不容易要開始挑戰了，為了不在一開始時就遭遇挫折，首先你要選擇不會失敗的行動計畫開始執行，讓自己累積「按照計畫完成了」的成功經驗。

所謂輕易就能實現的行動計畫是：

1 做法十分明確。

2 能夠確實地執行。

3 絕對不會失敗。

舉例來說，你設定了「半年後要跑完一場馬拉松比賽」這個目標的話，最初要採取的行動並不是在住家周邊慢跑，而是「到運動用品店買一雙店員推薦的慢跑鞋」。

1 只要上網查，就知道哪裡有店家。

2 經由店員的推薦就可以買到鞋子，不需要有專門的知識也可以確實執行。

3 這不像慢跑會受到身體狀況或是天候的影響，因此絕對不會失敗。

在設定工作上的目標時也是一樣。

假如你設定了「要在交流會上交換名片以拓展人脈」這個中間目標的話，最初要採取的行動應該是「尋找三個可能參加的交流會」或是「報名可能有社長參加的交流會」，比較適當吧！

另外，若是你要利用電訪來推廣業務的話，一開始打電話的對象應該選「自己認識的人」或是「自己喜歡的人」。

沒有人規定一定要按照排列好的名單來打電話，沒必要在一開始就打電話給會讓自己有壓力的人。

把自己完成的事情告訴別人，並持續做一個星期

在有了一個好的開始之後，接下來，**就算只有一個星期也好，請你按照自己決定的行動計畫，持續執行下去。**

「一個星期」的時間長度是重點所在。

因為人在接受與以往不同的動作或習慣時，或是要放棄已經習慣的事情時，都會經歷「**興奮⇩壓力⇩馴化⇩習慣**」這四個過程。

【第一天】

要開始嘗試新事物了，感覺很新奇，雖然可能會很辛苦，但是充滿刺激感，這樣也不錯（**興奮**）

⇩

【第三天左右】

雖然試著改變行動了，但總覺得很費事，也嫌麻煩，真想回到原本那樣（**壓力**）

⇩

【第七天左右】

剛開始雖然覺得很麻煩，但現在已經慢慢習慣了。每天這樣做的話，其實也不錯**（馴化）**

⇩

【第十四天左右】

到目前為止已經習慣了這個新的嘗試，所以不願意再回到原本的生活**（習慣）**

不管是剛搬家或剛結婚，還是剛換了工作或職場，又或者剛展開一項新企畫案時，都一定會經歷這四個過程。最初在面對新環境時會緊張，然後開始感受到壓力，覺得「有點麻煩」，但是在不知不覺中就會習慣這一切而覺得理所當然了。

有一句話說「當三天和尚」（譯注：日文「三日坊主」意指只有三分鐘熱度），不管你設定了多麼令人興奮雀躍的目標，到了第三天左右多半會開始感到有壓力，但重要的是當大腦開始習慣之後，到了第七天你便會認為：「不要放棄，繼續去做吧！」

要明白，不論你設定的是怎樣的目標，一定會碰到這面壓力的高牆，因此在大腦尚未開始習慣之前，請不要放棄，持續進行下去吧！而最初的這面牆會出現的時間點，大約是在整個期間的五％。

對於自認為無論如何都衝破不了壓力之牆出現的最初五％時間點的人，我有一個建議：**不只要公開自己的目標，還要「公開自己已經執行的行動計畫」**。

最初是朋友告訴我說：「為了不要只當三天和尚，我想到了這個辦法。」我自己也試著做了，感到非常有效，便將這個方法告訴許多人，大家的反應都很好。

例如，在一場重建醫院的建築設計競賽中，你為了要讓自家公司的設計案被採用，正在製作簡報資料，這時，你可以向上司報告：「今天我已經將要提案的三個計畫中的A計畫基礎部分設計完成了」、「明天我將要設計一樓到三樓的部分」等。

在準備參加馬拉松比賽時，你可以在社群媒體上寫：「我連續兩天跑完了十公里」、「明天也要早起慢跑」，也是不錯的方法。

像這樣公開自己已經執行的行動計畫，就會產生「明天我也要去做，然後向大家報告」的心理作用。

如此一來，等你撐過最初的第一個星期之後，就會習慣一個接一個地進行行動計畫了。

接著，兩個星期過後，你的感覺會從「今天也非做不可，壓力好大」變成「如果今天不去做那些決定要做的事，會有壓力」。

因為在最初的一個星期，「維持現狀的偏見」正在作用，會傾向把你拉回舒適圈，但是兩個星期過後，你就會覺得身處在伸展圈是非常愜意的事。

即使前一天很晚才睡，第二天還是會早起念書的人，或是即便非常忙碌，但為了維持好身材、避免變胖，還是會到健身房報到的人，他們並非意志力比別人強，而是習慣了要去執行行動計畫，對於「沒有按照平常的情況來做事情」會感到有壓力。

4.2 遇到瓶頸時，以「量重於質」來克服

為什麼是量重於質呢？

想要達成目標，必須樂觀地思考、悲觀地計畫、樂觀地執行，這些我已經重複說好幾次了。

執行了行動計畫，累積小小的成就感，再加上一次又一次完成中間目標（階段性目標）的話，每日的辛勞都會化為喜悅，你就能夠全力往終點衝刺。

全力往目標衝刺是很理想的狀態，但往往天不從人願，達成目標的路徑中有高山，也有深谷。

你也曾經不安地認為：「我一直這樣做，真的沒問題嗎？」「即使我照這個樣子繼續做下去，應該也無法達成目標吧？」而難以樂觀地行動吧！

在**遭遇到這樣的瓶頸時，最佳的應對方式就是增加行動量**。

請再次回想一下，成功的相反並不是失敗，而是「不去行動」。

遇到不順利的時候，或是怎樣都無法如預期進行的時候，可以稍微犧牲一點品質，試著去追求量。

到目前為止，我將達成目標的路徑，分為「制定計畫」及「執行」的步驟來說明。

然而，這並不是指實際上要完全制定好行動計畫之後才開始執行，而是在思考行動計畫的同時，也要執行。

也就是說，先思考達成最初的中間目標的行動計畫，然後實際執行看看。你有可能按照預定那樣完成中間目標，也可能沒有出現預期的結果，無法達成中間目標。

當你無法順利進行的時候，要確實地分析是哪裡出問題，然後修正行動計畫，好讓你順利達成下一次的中間目標。一直到完成最終目標為止，你都要反覆地進行這項作業（左頁圖表）。

執行行動計畫

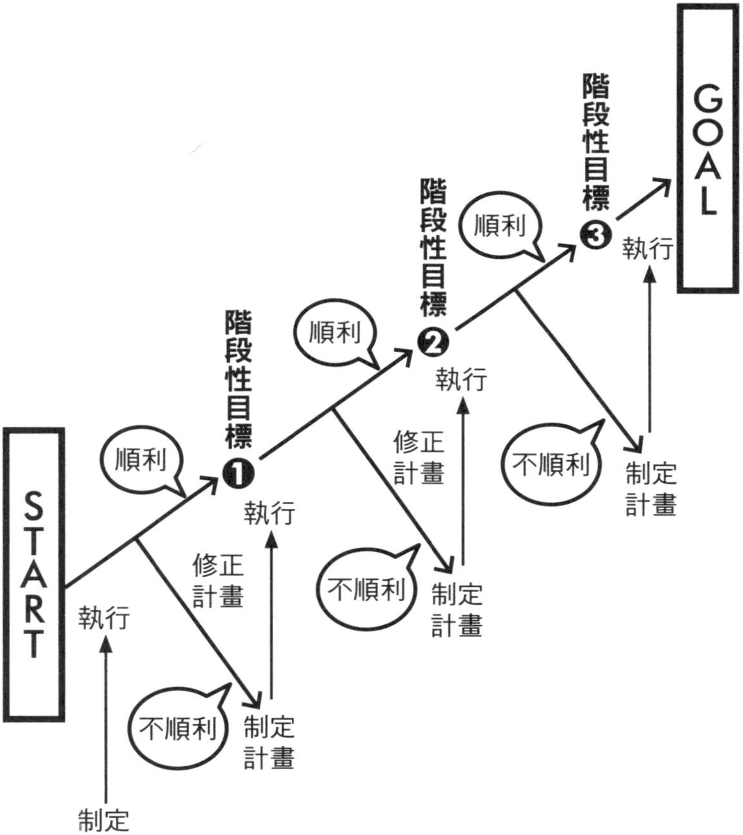
START
執行
制定計畫
順利
不順利
修正計畫
制定計畫
階段性目標❶
執行
順利
不順利
修正計畫
制定計畫
階段性目標❷
執行
順利
不順利
制定計畫
階段性目標❸
執行
GOAL

像這樣，為了達成目標而反覆進行「Plan（計畫）⇩Do（執行）⇩Check（查核）⇩Action（行動）」這四個階段，持續進行改善的方法，被稱為「PDCA循環」，現在已經成為企業界的一套標準流程。

對於該如何讓事情順利進行這方面很有想法的人，也就是很擅長Plan（計畫）的人，也許會被認為是比較容易達成目標的人，然而並非如此。

目標達陣高手都是頻繁地進行Do（執行）和Action（行動）。

拿棒球來比喻的話，是重視打席數勝過打擊率（編注：打席數是完成一次打擊的次數。打擊率是安打數除以打數。打數是完成有特定條件限制的一次打擊的次數），**每當遇到失敗時就進行修正的這種概念**，我周遭那些讓公司成功上市的老闆，全都是這種類型的人。

在制定行動計畫的同時也要執行

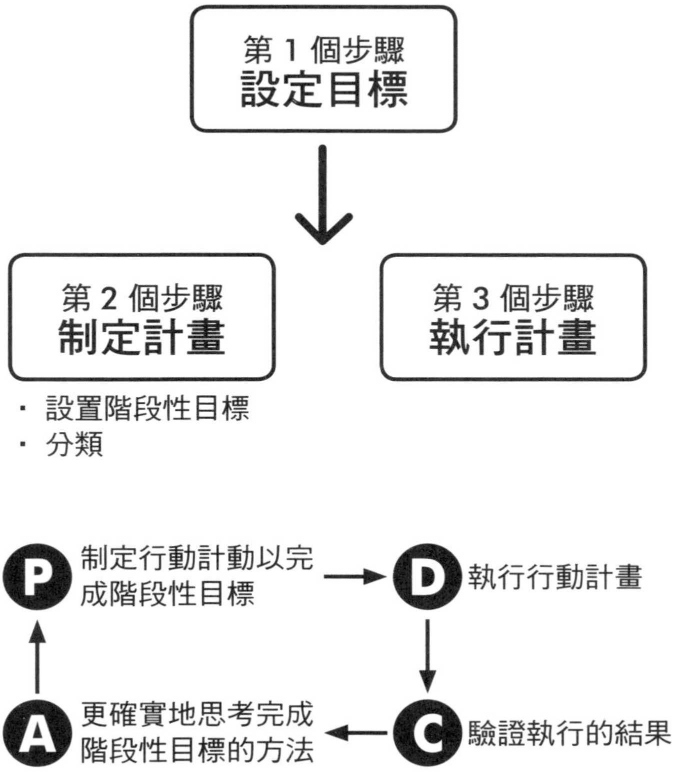

行動計畫的 PDCA 循環

增加自己可以掌控的「行動量」

當結果不如預期時，這會是你在思考改善對策之際的妙方。

當你無法按照預定計畫完成中間目標時，藉由增加行動量，多半可以克服所遇到的瓶頸。剛剛也有提及，稍微犧牲一點品質，多採取行動的話，會讓結果有所改善。

我的友人O是一位在壽險業界很活躍的壽險公司銷售經理，當初他進入這家公司時，遲遲沒有案件成交，在內心受挫、感覺遇到瓶頸時，他計算了被拒絕的件數，而不是成交的件數。這是將焦點放在「量」而非「質」，也就是計算了「打席數」而不是「安打數」。

這就是我在前文提過的，「我們無法選擇結果，卻可以選擇行動。」

要不要簽保單契約的這個結果，原本就是由客戶決定，不是我們可以控制的。我們所能夠做的部分就是到拜託客戶「請與我簽約」這個行動為止，因此我們應該專注在自己能夠掌控的事情上。

達成目標者所做的事

能夠達成目標的人

總之就是試著多去做

↓

使用身體

- □經歷許多失敗
- □多修正
- □多行動
- □快速地實踐 PDCA 循環
- □不斷地行動，直到成功為止

不擅於達成目標的人

一直思考要怎麼做才會順利

↓

使用頭腦

- □害怕失敗
- □遲遲無法開始行動
- □不會善用 PDCA 循環
- □沒有成功，也沒有失敗

被稱為天才的頂尖運動員，還有歌手、畫家等藝術家，沒有人是不曾經歷過失敗和挫折就登峰造極的。

他們希望大家認為「他們的表演和藝術，是少數人才具有的天賦所成就出來的」，因此不太想宣揚自己的失敗經驗，也不想將辛苦談搬上檯面。

然而，被稱為一流的人才，幾乎都是做到一流努力的人，面對比成功多出好幾倍的失敗和挫折，需要不斷地反覆練習與付出努力來克服。

所以，即使我們碰到了稍微不順利的事，完全不必在意，甚至可以把它當成是理所當然的事，絕對不可以失去自信。

當你感覺遇到瓶頸時，與其稍作休息，不如站上打擊位置，試著用力揮棒吧！

- **不管提出多少次企畫案都過不了時，數一數自己所寫過的企畫案的頁數，以超過以往的頁數為目標。**
- **當結果不如預期時，向前輩或同事等人請教行動計畫到底哪裡出了問題，盡可**

能多請教一些人。今天內至少詢問五位，甚至十位。

・約訪的進度不如預期時，試著運用其他工具。例如，不只利用電話，也利用電子郵件或親筆寫信，或是用LINE或手機發簡訊。

像這樣在遇到瓶頸時，將焦點放在「量」而非「質」上。

多多站上打擊區，有很多事情應該就可以得到解決。

蘋果公司創始人史蒂芬・賈伯斯（Steven Paul Jobs）有一場在史丹佛大學的經典演說，被後人視為傳說。

他在演說中提到：「每天我都會思考，如果自己明天就要死了，現在會怎麼做，然後再行動。」他在十七歲時讀到這一句話之後，一直都是選擇做「讓自己了無遺憾的行動」。

然後，他經歷了無數次的失敗，也創造出許多成功，帶給這個世界莫大的價值與感動。

我再強調一次。

與其後悔沒有去做，不如持續地採取行動吧！

縱使結果並不理想，但那是盡了全力去做之後所得到的結果，絕對不會留下遺憾。

4.3 遭遇挫折時的應對方法

在數字化之後，要確認需改善的地方

接下來，我將針對當中間目標無法達成時，要如何分析問題（Check），以及思考改善措施（Action）的方法，一邊列舉案例，一邊加以說明。

這是細節部分，如果是能夠順利完成中間目標的人，或是擅長修正行動計畫的人，可以跳過這個部分也無妨。

當你要尋找不順利時的改善方法，第一步是分析並追究到底是哪裡出了問題。

無法達成中間目標（階段性目標）的情況只有兩種。

A 按照行動計畫去執行，卻無法完成中間目標。

B無法按照行動計畫來執行。

如果是A的情況，就不必改變事先設定的中間目標（階段性目標），而是藉由執行行動計畫的PDCA循環（167頁圖表），來達成最終的目標。

重點是要將每個行動計畫的預期效果，與實際上得到的效果，進行「數字化」之後，再來尋找問題點。

以下舉例說明修正的方法。假設有位壽險業務員要針對經營者舉辦資產運用講座，並且設定了「每個月要簽定三份新保單合約」的中間目標。

假設案例

【中間目標】

壽險業務員要針對經營者舉辦資產運用講座，並且「每個月要簽定三份新保

單合約」。

〈行動計畫〉

【1】每個月參加3次經營者所參加的交流會。

⇩

【2】每個月收集60張社長的名片。

⇩

【3】講座舉辦前一個月直接打電話給50位社長，邀請他們參加。

⇩

【4】有30位社長來參加講座。

⇩

【5】每個月與8位社長個別會面，詢問公司和社長的需求。

⇩

【6】每個月向5位社長說明商品內容，向他們推薦保單。

這個行動計畫，是由以下的意圖做成的。在此我們用具體的數字來檢視。

【1⇩2】如果每個月參加3次經營者所參加的交流會的話，每次能夠與20位交換名片。

預測在交流會上獲得的名片張數　20×3＝60張／月

【2⇩3】如果每個月可以收集到60張社長的名片，就可以打電話給其中50位。

預測電話名單比率　50÷60＝83%

【3⇩4】如果向50位發出邀請來參加講座的話，就能有30位來參加。

預測講座參加比率　30÷50＝60%

【4⇩5】如果有30位社長來參加講座的話，可以與其中8位社長取得個別的約訪。

預測個別約訪的取得比率　8÷30＝27%

【5⇩6】如果每個月能與8位社長個別會面的話，可以向其中5位社長說

明商品內容。

預測商品說明比率　5÷8＝63％

【6⇩中間目標】如果向5位社長推薦保單的話，其中有3位社長的保單合約會簽定。

預測成交比率　3÷5＝60％

調整遇到阻礙的部分

如此一來，只要**確認這當中的哪個階段遇到挫折，自然就很清楚要如何修正行動計畫**。

一邊針對各個部分檢視實際的成績，一邊採取以下的對策。

對策

【1⇩2】原本計畫如果每個月參加3次經營者交流會的話，能夠收集到60張名片，實際上即使每個月參加3次經營者交流會，只能收集到43張名片。

交流會上獲得名片張數實績　43張／月（原計畫是60張）

⇦

（對策）

・增加參加交流會的次數，一個月參加4次，好讓自己能夠拿到60張名片。

・更改參加的交流會。尋找有更多經營者參加的交流會，並報名參加。

【2⇩3】原本計畫如果每個月可以與60位社長交換名片的話，可以打電話給其中50位，實際上即使收集到60位社長的名片，能夠成功通話

的只有40位左右。

電話名單比率實績　40÷60＝67％（原計畫是83％）

⇩

（對策）

・將每個月收集的名片張數從60張改成80張。

・與同事交換經營者名單，以補充自己的名單。

【3⇩4】原本計畫如果邀請50位來參加講座的話，其中能有30位來參加，實際上即使邀請了50位，能夠來參加的只有20位。

講座參加比率實績　20÷50＝40％（原計畫是60％）

⇩

（對策）

・打電話邀請的人數從50位改成70位。

・不只利用電子郵件和電話，也利用寄送直效廣告來通知。
・為了展現講座的魅力，重新檢討電話的邀約方式和郵件的內容。

【4⇩5】原本計畫如果有30位社長來參加講座的話，可以與其中8位取得個別的約訪，實際上即使有30位來參加，只能夠與其中5位社長取得個別的約訪。

個別約訪取得比率實績　5÷30＝17％（原計畫是27％）

⇩

（對策）

・將講座的集客目標從30位增加到50位。
・改變個別約訪的請求方式。
・除了自己請求約訪之外，也拜託上司幫忙請求個別約訪。

【5⇩6】原本計畫如果每個月能夠與8位社長個別會面的話，可以向其中5位社長說明商品內容，實際上即使與8位社長個別會面，只能向其中3位社長說明商品內容。

商品說明比率實績　3÷8＝38％（原計畫是63％）

⇦

（對策）

- 個別會談的社長人數從每個月8位改成10位。
- 試著調整約訪的先後順序，優先拜訪符合自家公司商品需求的社長。

【6⇩中間目標】原本計畫如果向5位社長推薦保單的話，其中有3位社長的保單合約會簽定，實際上即使向5位社長推薦了保單，只有1位的保單合約可以簽定。

成交比率實績　1÷5＝20％（原計畫是60％）

⇧

（對策）

- 讓可以推薦保單的社長人數從每個月5位增加到10位。
- 針對如何改善可增加保單合約簽定數量的銷售話術，請教前輩的意見。
- 反覆地演練銷售話術。

不能順利進行PDCA循環的人，大部分都是因為無法分析行動計畫中到底是哪個環節遇到了阻礙。

按照前面的案例，將每個行動計畫所期待的效果和實際得到的效果數字化之後，再進行比較，便能看清楚遇到瓶頸的部分，並立刻思考改善對策了。

4.4 無法按照計畫進行時的應對方式

針對每個無法進行的理由，思考對策

接下來講述該怎麼應對「B無法按照行動計畫來執行」的情況，造成此狀況的原因有以下幾種：

- 怎麼樣都提不起幹勁。
- 對於自己是否真的能夠達成，感到不安。
- 沒有時間執行行動計畫。
- 抵擋不了想要放輕鬆的誘惑。
- 做了原本決定不做的事情，卻無法做到原定要做的事情。

在這樣的情況下，你就要試著回到出發的起點上。

也許你需要下修目標數字。不過，這麼做並不代表你失敗了或是敗逃，也不是什麼丟臉的事。

原因可能是在於行動計畫的PDCA循環（167頁圖表）的外側。

此時，就要修正中間目標或是最終目標。

修正目標的方法有兩種，分別是變更目標數字（下修）法，以及變更達成期限（期限延長）法（左頁圖表）。

像是銷售業績目標或是準備考試等，期限已經確定好了，在無法延長的情況下，就要用下修法；若是商品開發研究或減重等，期限可以延長的情況下，就要用期限延長法。

總之，做任何事都無法完全按照計畫進行，只有經歷過許多失敗並且做過很多改

目標修正法

下修 變更目標數字

↓

期限無法延長的情況下

例如 **年度銷售額、準備考試等**

延長期限 變更時程表

↓

期限可以延長的情況下

例如 **開發研究、減重、銷售數量、建築工程等**

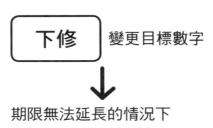

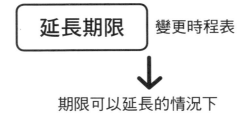

善的人，才會得到最後的成功。

那麼，對於每一個無法按照計畫執行的原因，讓我們來思考一下重新檢視目標和計畫的方法。

沒有幹勁

「雖然明知道一定要向客戶推銷自家公司的商品，卻又不想要強迫推銷。」

「雖然下定決心每天早上要慢跑，但是今天早上太冷了，我又很睏，就不想要離開被窩。」

「今天的行動計畫是要完成一百件電訪，不過反正都會被拒絕，真不想去做。」

★原因❶ 不是讓人興奮雀躍的目標

解決方法

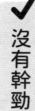

・設定更高的目標

⇩如果不是你達成時會想要跟家人或朋友分享的目標的話，就無法讓你提起勁去執行行動計畫。如果將目標設定得高一點，或許就會讓你覺得有興趣而躍躍欲試了。

（例如）Before　進行減重讓體重減少五公斤。

After　進行減重及肌力訓練，讓自己有傲人的腹肌。

・與達成目標的人一起設定目標

⇩向已經達成目標的人請教，就能對於目標的達成有具體的想像，而且，你會因為對方願意幫忙自己，想要為對方而更努力。甚至，對方也會鼓勵你，幫助你達成目標。

（例如）Before　自己獨自設定了一年要簽定五十張保單合約的目標。

After　與同事互相商量，設定自己與同事一起共同完成簽定一百張保單合約的目標，就會讓自己變得有動力。

★原因❷　無法把目標當成一回事

解決方法

・向更多人公開你的目標

⇩向越多人公開你的目標，就會讓你越沒有退路。當然，這也會讓周圍的人更支持你。

（例如）Before　向同事宣布你一年要達成兩千萬日圓的銷售業績

After　在部門的餐會上，向與會的所有成員宣布你一年要達成兩千萬日圓的銷售業績！

・想一想目標達成時會比自己更開心的人

⇩自己獨自設定出來的目標，若想要放棄的話，很容易就可以放棄了。而當有人在你達成目標時會為此開心的話，你就會產生鬥志和執念。如果你想不出這個目標達成時會為此開心的人，就請試著挑戰會讓更多人開心的目標。

（例如）Before　為了要減重，每星期慢跑三次。

After　為了和家人一起去夏威夷參加檀香山馬拉松比賽，每星期慢跑三次。

・重視行動的量而非質

⇩當你總是提不起勁時，不要想太多，把心思集中在增加行動量上，就會抓到準則。此時，不是計算自己能夠做到的次數，而是計算自己嘗試做過的次數，也是一個不錯的方法。

（例如）Before　不斷地打電話，直到取得三件約訪。

After　即使連一件約訪都約不到，也要打五十通電話。

✔ 對於自己能否做到感到不安、總覺得自己做不到

「不管向多少人推銷保單，感覺好像都會被拒絕而感到不安。」

「以自己的能力，終究沒辦法拿到部門業績的第一名。」

「要持續運動一年，畢竟還是太勉強了。」

★原因❶　終點太過遙遠，無法預測未來

解決方法

・設定更實際且較低的中間目標

⇩如果原本設定的目標數字太高，或是期間太長的話，就重新設定成在比較短的期間內可以達成的實際目標。將原本設定成中間目標的階段性目標，改為最終目標，也是一個方法。

（例如）Before　今年一整年要讀一百本書。

After　這個星期要讀兩本書。

★原因❷　目標遠超過自己能力所及

解決方法

・調降目標數字，或是延長達成的期限

⇩雖然目標設定高一點比較好，但是訂得過高的話，你就不會有興奮雀躍感，反而會認為「反正我也做不到」而不採取行動。一旦人進入恐慌圈裡，就會變得無法思考，因此請調降困難度，讓自己回到伸展圈。

（例如）Before　今年度要打破公司史上歷屆第一名的銷售紀錄。

After　今年度的業績要打進公司史上的前十名。

（例如）Before　今年度要成為公司內業績第一名的業務員。

After　三年後要成為公司內業績第一名的業務員。

✔時間不夠用

「雖然明知道一定要開發新的應用軟體，但是現有的應用軟體有許多程式錯誤，光是修正就要花很多時間，以至於沒有時間開發新的軟體。」

「為了要推銷新產品，原本預定要去客戶的公司拜訪，卻因為上司要求製作企畫書及整理傳票，以至於沒有時間去拜訪。」

「雖然報名了烹飪課程，卻因為一直加班，太累了，以至於無法去上課。」

★原因❶　要做的事情太多了，當然沒有時間執行行動計畫

解決方法

・增加「不做的事情」

⇩因為要做的事情太多了，就增加不做的事情吧！

視情況來下修中間目標，也會有成效。

（例如）Before　以一個月銷售五件壽險、五件汽車保險為中間目標。

After　不要將汽車保險的銷售列入優先順位，而是全力集中在一個月銷售五件壽險上。

★原因❷　在制定行動計畫時沒有預留緩衝的餘地

解決方法

・修正成留有餘地的行動計畫

⇩在執行行動計畫的過程中，不會總是一路順風（上山），也會有逆風（下山）或是意料之外（萬一）的狀況發生。如果原本的行動計畫中沒有預留緩衝的餘地，就遵循八成規則（131頁）來重新制定行動計畫，或試著降低目標數字，或是延長期限，來進行修正。

（例如）Before　為了要在期限內完成網站的建構，每天至少要寫三百行程式。

After　因為有很多上司交代的雜務要做，所以將每天要寫的程式改成一百五十行，將完成的期限稍微往後延。

優先做了其他事

「為了準備留學，下定決心每天晚上都要念英文，卻還是忍不住看了 YouTube 的影片。」

「為了學習商品知識，下定決心要讀好金融，但是看到客戶寄來的電子郵件，還是花了時間回信。」

「下定決心要戒酒並去健身房運動，結果還是拒絕不了聚餐的邀約，找了各種理由去參加。」

★原因❶　不是自己真心想要努力的目標

解決方法

・確認自己為什麼想要達成這個目標

⇩再次確認自己是為了誰而致力於這個目標。如果沒有自信可以貫徹到底時，也

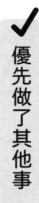

可以重新設定自己強烈想要努力達成的目標。

（例如）Before　達成目標好讓自己拿到許多年終獎金。

After　達成目標之後，與部門同事舉辦慶功宴，領到年終獎金後想要跟家人一起去旅行。

★原因❷　做了應該不要做的事

解決方法

・不是靠意志力，而是用物理性的阻隔法

⇩有時，我們明明已經決定好不做的事，可是一旦壓力和負擔增加了，又會去做這些事情，想要輕鬆地消磨時間。例如，應該要為考試做準備了，卻開始打掃房間，或是去看已經知道結局的漫畫，或者去玩已經覺得無趣的遊戲，這些都是典型的例子。所以，我們有必要用物理性的方法來阻隔誘惑。

（例如）Before　睡前盡量不看社群媒體。

After　不要將手機拿進房間。

（例如）Before　在家中準備考試的期間，盡量不要看漫畫。

After　在考試結束之前，完全將漫畫抛開（用繩子綁好，收進儲物櫃裡）。

（例如）Before　完成論文之前不看電視。

After　拔掉電視的插頭，讓自己不能看電視。

4

下定決心後，只要貫徹到底就行了

重點摘要

❶ 從「只要去做的話，一定能做到的事」開始著手

❷ 遇到瓶頸時，就站上打擊位置，不斷地揮棒

❸ 不順利時，利用數字化來改善

❹ 無法按照計畫進行時，針對每一種原因來思考對策

5

一生受用的「目標達陣大腦」養成法

Goal Achievement
How to Get the Best Results

5.1 速度能夠使人產生熱情

最重要的是速度和心力

我的工作是幫助許多人達成目標。我所服務的企業客戶，每年都有讓一些公司成功上市的案例；我擔任非執行董事的那些企業，也持續不斷地更新史上最佳利潤的紀錄。

我所主辦的讀書會中的成員，還有公司的下屬，也都可以看到他們一次又一次達成目標。

不過，我也看過沒有高目標而持續保持低空飛行的人，或是因為內心受挫而放棄達成目標的人。

最後，我注意到，**為了要達成目標，有非常重要的要素，也有乍看很重要，實際**

上卻不太重要的要素。

首先，重要的要素有：

「行動力＝速度和心力」

「公欲＝想要幫助別人的心意」

「向上心＝想要有所成長的決心」

至於「立案能力＝能夠訂立計畫的能力」或「分析力＝清晰的頭腦」等，並不是如想像中那麼重要的要素（202頁圖表）。

因此，在本章中，我要說明的是，為什麼行動力和公欲可以提升目標達成率呢？還有，應該要怎麼做，才能養成目標達成所需的思維呢？

對目標達成的影響

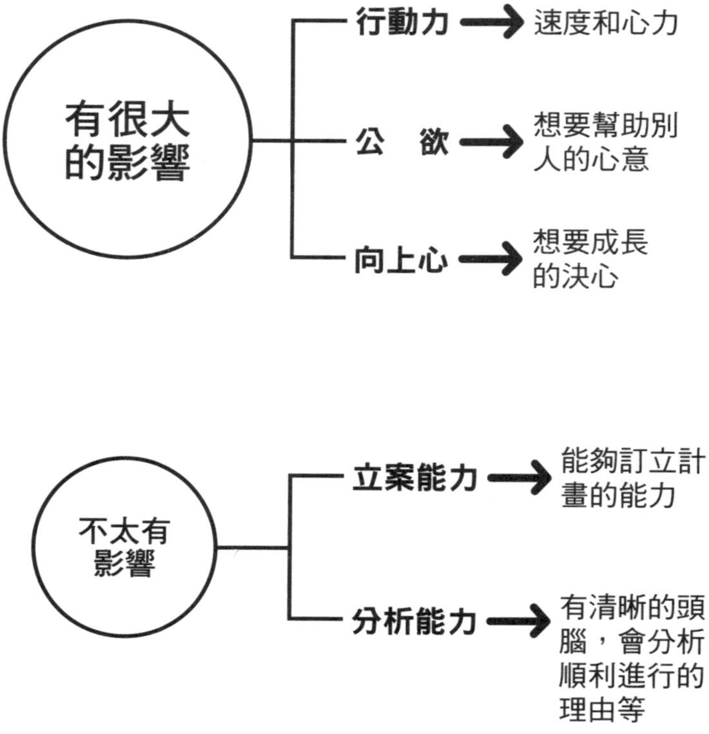
有很大的影響
行動力
速度和心力
公　欲
想要幫助別人的心意
向上心
想要成長的決心
不太有影響
立案能力
能夠訂立計畫的能力
分析能力
有清晰的頭腦，會分析順利進行的理由等

提高目標達成力的第一個關鍵是「行動的速度」。

人類是有感情的生物，只能夠做打從心底想要做的事情，以及可以讓自己充滿熱情的事情。因此，所謂的目標達成力，也可以說是讓自己充滿熱情地貫徹下去的能力。

充滿熱情的人與沒有熱情的人，在行動的速度上有很明顯的不同。充滿熱情的人，每個人都具有速度感。

有熱情的人不會有以下這些行為：

- **公開說「要提出企畫案」，卻過了好幾天都沒有提出。**
- **答應說「馬上調查之後回覆」，卻完全沒有任何回音。**
- **說了「會提出最佳的計畫」，但是沒有人催促的話就不會提。**
- **說了因為要開始減肥，所以要加入健身房，但是一直都沒有辦理入會。**
- **一直在說為了要鍛鍊體力，想要去跑步，已經說了三個月。**

有熱情的人應該會立刻採取行動。

例如，充滿熱情地想要在今年度創造史上最高業績而努力工作的員工，接到了顧客的詢問電話之後，即使犧牲午休時間，也會想要趕緊完成估價單。

不過，如果員工根本沒有想要認真工作的熱情，就算公司要求他要達到銷售目標，他也會做出「即使接到了顧客的詢問電話，仍因為忙於其他工作而延後製作估價單」之類的行為。

藉由行動來產生熱情

那麼，要怎麼做才能夠對目標充滿熱情呢？

由於**人類的情感不一定會遵循理性，卻一定會跟隨著行動，所以你要善加利用這樣的習性**。

也就是說，對於不想做的事，不論頭腦（理性）怎麼想著：「反正非做不可，就加油吧！」你也不會有熱情湧現出來。然而，即使沒有熱情，你也能夠做出有速度感的行動。

最初只是做個樣子也沒關係，**如果你採取了與充滿熱情的人相同的行動，即便腦子裡沒有「積極努力吧！」的想法，之後也會有熱情湧現出來。**

雖然你在剛開始時提不起什麼興趣，或是覺得很麻煩，但是在持續一陣子有速度感的行動之後，漸漸地，身邊的人覺得開心，你也實際感受到自己的成長之後，熱情的火焰自然會越燒越旺，這是常有的事。

「哇！你是第一個能夠這麼快提出企畫案的人！很有衝勁喔！」

「我以為要明天之後才會收到你的提案計畫，沒想到才過一個小時，你就跟我聯絡了，讓我嚇一大跳。」

在得到客戶這樣的回應之後，會讓你的熱情湧現出來，你從明天開始就會想要更快速地將事情完成。

另外，如果你像以下這樣感受到些微成效的話：

「這個星期可以比上個星期舉起更重的重量了。」

「自從開始慢跑之後，我覺得疲憊感減少了。」

你就會讓自己更加沉浸在行動中，因而會持續進行下去。

熱情不是產生自大腦（理性），而是從行動中產生。

那些沒有自信能夠貫徹到底的人，或是認為最近自己的熱情稍微冷卻的人，應該要思考的並非如何才能點燃熱情，而是試著加速進行眼前的行動，並且立刻付諸實行。

我認為，用感覺上比現在快三倍的速度來行動的話，剛剛好。請試著以連思考的時間都沒有的速度來行動，你應該就會發現心中的熱情自然地湧現出來了。

5.2 將欲望變成力量的方法

每個人都有「想要幫助別人」的想法

有這麼一則著名的寓言。

有一個人走在路上，遇到三個正在砌磚塊的工匠。

他分別問他們說：「你們在做什麼呢？」

第一個工匠回答：「為了賺錢，正在砌磚塊。」

第二個工匠回答：「為了幫建築物搭建更大面的牆壁，正在砌磚塊。」

第三個工匠回答：「我正在建造永垂千古的大聖堂，將帶給世人歡樂。」

從事完全相同工作的這三個工匠中，最充滿幹勁、最具有目標達成力的，是哪一位呢？

答案當然是第三位工匠。因為他與其他兩位相比，懷抱著更大的公欲。

你所懷抱的**公欲大小，就是提升目標達成力的第二個關鍵**。

我在第1個步驟中提到，在設定目標時，要寫出當你達成目標時會為此開心的人的名字，並且要讓更多人覺得開心，指的就是這一點。

人的欲望可以分為「私欲」和「公欲」這兩種。不論是誰，都懷有這兩種欲望。所謂的私欲，是想要得到自我的滿足，只要自己好的欲求，像是食欲、性欲就是代表性的例子。

「想要成為有錢人」、「想要拿到很多年終獎金」、「想要搭商務艙去國外旅遊」、「想要住豪宅」，這些是物欲、金錢欲，其他還有「想要得到他人的吹捧」、「因為太累了，希望有空位可以坐」、「想要超過前方龜速的車」這樣的欲望。

人類是動物，不可能完全沒有私欲。因為私欲的本質是「要讓自己生存下去」的動物生存本能，如果完全沒有這種欲望的話，人就會在競爭中退敗而無法生存下去。

另一方面，所謂的公欲，是想要幫助他人，想要對這個世界有所貢獻的欲望。

例如，「希望下屬有所成長」、「希望能夠發給員工更多的年終獎金」、「希望家人過得快樂」、「想要讓生病的人康復」、「想要建立一個偉大的國家」、「希望為世界帶來和平」的欲望。

也許有人會認為「公欲只是一些冠冕堂皇的話」、「我只有私欲，不可能有什麼公欲」，然而，**公欲一定存在於人類的DNA當中**。

人類沒有大象和鯨魚那麼龐大的身體，跑起來也沒有獅子和馬那麼快的速度，更沒有牛和犀牛那麼大的力氣，然而，人類卻可以存活在地球上，位居食物鏈的頂端，就是因為有其他動物所沒有的「與他人相互合作」的能力。

人類大腦的程式被設計為：不是只為了自己，而是樂於助人，並且會因為助人而感到快樂，這一點你也不例外。

公欲也可以藉由行動來提升

與出於私欲的目標相比，出於公欲的目標之達成力會比較高，在於即便是兩個相同的欲望，在性質上也有些許的不同。

私欲又被稱為「匱乏需求」，在沒有得到滿足的時候，人會努力去追求，可是一旦獲得了滿足，人便會失去動力而不再努力。

就像獅子，除非肚子餓了，否則不會去捕捉獵物。

人類也是一樣，像是：

- 考試之前焦急地臨時抱佛腳，考完了以後又繼續貪玩。結果永遠都是在考試之前才會念書。
- 拚命地減肥，想要受到異性的歡迎，一旦結婚之後就變胖了。
- 剛拿到年終獎金時充滿了幹勁，可是過一陣子之後，那股衝勁就會消退。

私欲很快就饜足了，並不會持久。

至於**公欲的話，在獲得了滿足之後，馬上又會有下一個新的公欲產生，並不會有饜足的現象發生。**

即使獲得了滿足，還會有下一個欲求源源不絕地湧出，因此公欲又被稱為「成長需求」。

減少私欲並增加公欲的方法，與產生熱情的方法相同。

由於我們並不是以大腦的思考（理性）來創造精神狀態，而是以個人的行動來創造精神狀態，因此請你先試著採取有益於人們的行動。

- 今天我清理公司大樓前人行道上的垃圾時，路過的人都向我說「謝謝」。明天再來清理對面人行道上的垃圾。
- 我製作了公司內部顧客管理系統的使用手冊，獲得公司後輩的感謝。下次要來製作會計系統的使用手冊。

持續類似這樣的行動，能夠累積讓許多人高興的經驗，就可以養成內心的公欲。

5.3 同伴的存在可以讓你提高達成力

成果會受到環境很大的影響

同伴的存在，對目標達成力有很大的影響。

有一句話說「物以類聚」，人類是一種非常容易受周遭環境影響的生物。如果身處在周圍有許多努力不懈的人的環境裡，自己也會想要更加努力，但如果身處在周圍都是懶散的人的環境裡，也容易有「自己稍微偷懶一些也無妨」這樣的姑息想法。

江戶幕府末期的倒幕運動以及明治維新，是以薩摩藩和長州藩為中心而進行。薩摩藩的西鄉隆盛、大久保利通，還有長州藩的高杉晉作、伊藤博文、木戶孝允等，都是現今鹿兒島縣和山口縣的政治家，由他們創建了近代的日本。

為什麼創建明治政府的成員都集中在這個地區呢？是因為其他地區沒有優秀的人才嗎？

我認為，**並不是因為人才的能力有地區性的差異，而是因為環境所造成的巨大影響力**；因為有努力學習、充滿熱忱、具強烈公欲的同伴互相切磋琢磨的環境，造就了代表日本的領導人集團。

同伴或競爭對手，可以相互激勵

有良好的競爭對手，也有助於磨練自己的目標達成力。

在二〇一六年夏季奧林匹克運動會游泳比賽（巴西里約）男子四百公尺個人混合式項目中，贏得金牌的荻野公介選手，與贏得銅牌的瀨戶大也選手，兩人從小就在誰勝誰負的競爭中相互切磋琢磨。

在二〇一八年平昌冬季奧林匹克運動會競速滑冰比賽女子五百公尺項目中，贏得金牌的小平奈緒選手，與贏得銀牌的韓國選手李相花之間的良性競爭關係，也被媒體大幅報導。

在陷入低潮之際，如果有同伴或是良好的競爭對手互相激勵的話，就可以走出低潮，繼續努力。

事實上，在我的學生時期跟我一起準備律師考試的同伴，竟然全都通過了律師考試，讓我產生了「他可以的話，我應該也可以」、「我不想輸給他」、「他那麼努力，我也不能懈怠」的想法，成為激勵精神的養分，讓我能夠有積極的動力來準備考試。

由這些例子可以知道，會迅速採取行動的人，身邊也都是會迅速採取行動的人；有強烈公欲的人，周圍也都是具有強烈公欲的人；目標達成力高的人，身旁也都是目標達成力高的人。

若是你想要達成高目標的話，就去尋找具有相同目標的同伴，彼此互相切磋琢磨，是達成目標的一條捷徑。

5.4 一生受用的「目標達陣大腦」養成法

目標達成者的思考方式

你之所以會設定目標，是因為有意識地想要改變過去的自己。但由於「維持現狀的偏見」這道高牆，讓你的大腦感受到壓力，於是你開始糾結於要繼續處在伸展圈，還是要回到舒適圈。

目標達成力高的人，對於「維持現狀的偏見」的抵抗力也很強，樂於享受處在伸展圈的壓力中，並且會將壓力轉變為力量。

由於他能夠長久處於伸展圈，因此自認為理所當然能做到的事也會不斷增加，就可以一次又一次達成高目標。

我將具有這種習性以及想法的人之大腦，稱為「**目標達陣大腦**」，而將無法跳脫舒適圈、不擅於達成目標的人之大腦，稱為「**舒適大腦**」。

擁有「目標達陣大腦」的人，有以下這些特徵：

- **樂於享受伸展圈中的壓力。**
- **對於能夠體驗前所未有的事情，感到興奮。**
- **先行動再說。**
- **因為成功而更添自信。**
- **對於目標達成充滿了熱情，理解達成目標的涵意。**
- **對於自己下定決心要做的事，無論如何都會去完成。**

而「舒適大腦」則有以下這些特徵：

- **對於伸展圈的壓力感到不快。**
- **對於要去體驗不曾經歷過的事情，感到不安。**
- **先用頭腦思考。**

- 因為毫無自信，所以不會成功。
- 會懷疑這個目標有沒有意義。
- 對於無法做到下定決心要做的事，會怪罪是因為自己沒有幹勁。

以我的經驗來看，具有「目標達陣大腦」的人，大部分是富含創造力的類型，而擁有「舒適大腦」的人，大部分是認真且富含邏輯的類型。

將自我形象轉變為能夠達成目標的人

不論是誰都具有屬於自己的「自我形象」（Self-Image）。所謂的自我形象，顧名思義，就是指自認為是哪一種人的一種意象。例如，「我是這樣的個性」、「我有這種習性」等這些在無意識當中所認為的自己。

「我是屬於社交型的人」、「我是內向的人」

「我是運氣好的人」、「我是運氣不好的人」
「我的個性很開朗」、「我的個性憂鬱」
「我是在人前會逗人開心的人」、「我在人前不會開玩笑」
「我看見弱小的人會想要幫助他們」、「在弱者面前，我會想要展現自己的強大」
「我比任何人都還要有能力」、「我的能力比任何人都還要差」

等等，不勝枚舉。

若是要做出與自我形象不一致的發言、行動或態度，大腦便會感受到壓力，於是產生了無論如何都要維護自我形象的這種情緒。

因此，具有「我是內向的人」這種自我形象的人，當他必須要在宴會上致詞時，就會感受到壓力，然而，具有「我是社交型的人」這種自我形象的人，在宴會上沒有拿到麥克風致詞的話，會感受到壓力。

還有，對於同樣發生「在車站遺失了錢包，導致上班遲到，但是錢包有找回來」

養成目標達陣大腦

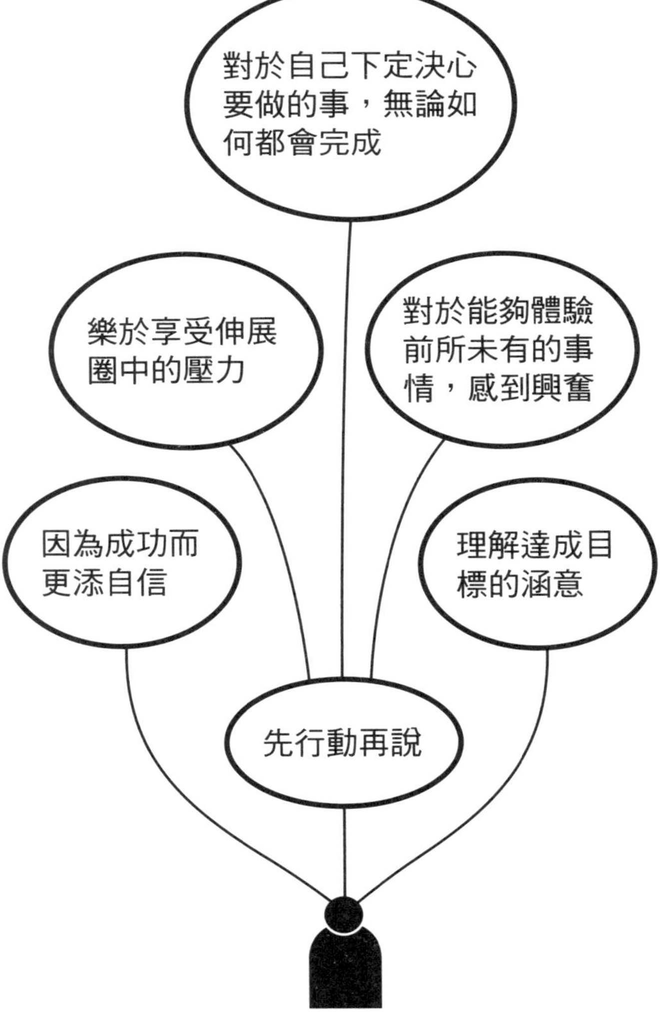

對於自己下定決心要做的事，無論如何都會完成
樂於享受伸展圈中的壓力
對於能夠體驗前所未有的事情，感到興奮
因為成功而更添自信
理解達成目標的涵意
先行動再說

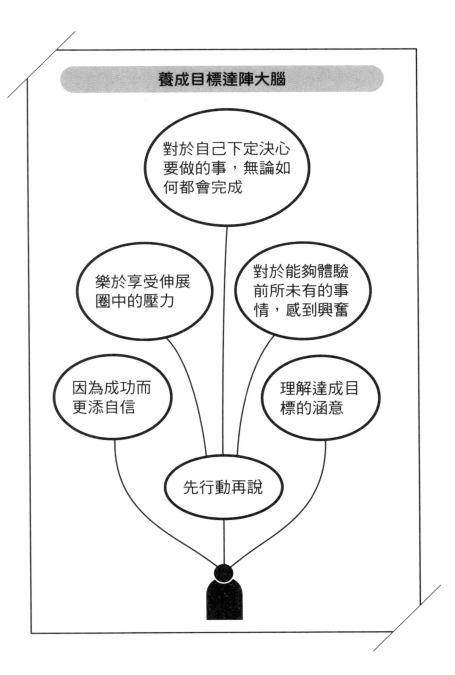

這件事，認為「自己運氣不好」的人，只會將「遺失了錢包」、「上班遲到」等這些不好的事情留在自己的印象裡，在無意識當中就會認定「你看，我就是運氣不好的人」。

相反地，認為「自己運氣好」的人，會將「有人幫我撿回了錢包」、「遇到好人」等這些好的事情留在自己的印象裡，而覺得「你看，我就是運氣好的人」。

自我形象裡藏有一股巨大的力量，會讓你在不知不覺當中按照此形象採取行動。

因此，具有目標達陣大腦之自我形象的人，很自然地會採取達成目標的行動，而具有舒適大腦之自我形象的人，很自然地就不會採取達成目標的行動，這是按照自我形象所產生的結果。

所以，如果你認為自己是具有舒適大腦之自我形象的人，可以**藉由將自我形象轉變成「我是具有目標達陣大腦的人」這樣的意識**，來提升自己的目標達成力。

自我形象是可以改變的

自我形象可以按照以下的程序來改變。

1利用「後設認知」（Meta-Cognition）客觀地掌握與自己對話的內容

所謂的「後設認知」是指客觀地掌握自己的言行、情緒與思考等。這種感覺就如同另一個靈魂出竅的自己，從上方一邊客觀地看著自己，一邊操控自己。

具體而言就是，一旦自己開始思考「想要達成高目標」之後，另一個自己對於「自己不可能達成那麼高的目標」這個想法在內心糾結的情況，要冷靜地注視著，並且告訴自己：「來吧！與維持現狀的偏見的對戰要開始了！」由自己對自己進行實況轉播。

越是能夠客觀地檢視自己的人，就越容易自在地掌控自我形象。

2追究為何會產生「維持現狀的偏見」的情緒與心境

「好麻煩喔！」「好累喔！」「失敗了會很丟臉」等，對於試著找藉口好讓自己回到舒適圈的這種情緒，用言語將之表達出來。

3將戰勝這種情緒的詞彙表達出來

由另一個後設認知的自己（理性）試著寫下如何說服想要回到舒適圈的自己（情感）的腳本。

「不論再怎麼疲累的時候，你不是都曾經挑戰過了嗎？今天也不要放棄！」「從現在就開始去做的話，絕對不會失敗！」

像這樣與自己對話，增加說服自己情緒的詞彙。

4在有輸有贏的過程中提高獲勝機率

戰勝了維持現狀的偏見，讓自己能夠身處在伸展圈中的日子是「勝利」；而與維持現狀的偏見對戰之後，覺得「算了！今天還是輕鬆一點好了」又回到舒適圈的日子，則是「打敗仗」。

像這樣有贏有輸的日子雖然沒有大礙，但還是要持續自己的後設認知，自覺到自己與「維持現狀的偏見」之間的對戰情況，並且逐步提高戰勝機率。

5 不需要再對戰，就能夠讓自己持續處於伸展圈

獲勝機率提高之後，你就會產生「原來我是樂於處在伸展圈的人」的自我形象，如此一來，要你回到舒適圈中反而會變成一種壓力。

按照這樣的程序來改變自我形象的話，一定可以養成「目標達陣大腦」。

也許有人會認為，要這樣有意識地改變自我形象，感覺好像很困難，然而，那是因為你之前完全不知道「自我形象可以改變」的關係。

這就如同沒有騎過腳踏車的人，覺得騎腳踏車很困難一樣，然而，只要依循既定的程序去做，無論是誰都能自然而然地做到。

一個人要將原本完全不會的事，變成輕易就能做到，需要經歷四個階段。

【第一個階段　無意識的無能】不知的狀態

「因為不知道，所以不會」的狀態。

例如，不知道騎腳踏車時，踩下踏板就可以前進，轉動車把就可以轉彎，所以不會騎腳踏車。

【第二個階段　有意識的無能】雖然知道，但是不會的狀態

「雖然知道，雖然了解，但是卻不會」的狀態。

例如，明明知道騎腳踏車時要一邊保持左右平衡，一邊踩下踏板來前進，也了解按煞車桿就可以停下來，卻還是不會騎腳踏車。

【第三個階段　有意識的有能】在有意識下努力去做的狀態

「拚命地練習，讓身體記住」的階段。

例如，坐上腳踏車後，讓自己清楚地意識到以下的情況：當快要往右傾時，就將重心往左，當快要往左傾時，就將重心往右，一邊進行微調整，一邊騎乘。

【第四個階段　無意識的有能】會做是理所當然的狀態

「無意識下就會」的狀態。

例如，無需意識到踩腳踏車踏板的速度、重心的位置和左右握把的平衡等，就能夠輕鬆地移動到目的地，與其說是「能夠做得到」的狀態，不如說是「已經會了」的狀態。

認為自我形象應該無法輕易改變的人，只是身處在不知道改變方法的第一個階段（無意識的無能）罷了。

在了解到可以藉由後設認知來與「維持現狀的偏見」對戰的方法之後，就進入到第二個階段（有意識的無能）。接下來，只要從今天開始實踐的話，一定可以往第三個階段、第四個階段前進。

改變自我形象的方法

❶ 利用「後設認知」客觀地檢視自我

❷ 追究為何會產生「維持現狀的偏見」的情緒

❸ 將戰勝這種情緒的詞彙表達出來

❹ 在有輸有贏的過程中提高獲勝機率

❺ 習以為常地處在伸展圈中

自我形象得以改變

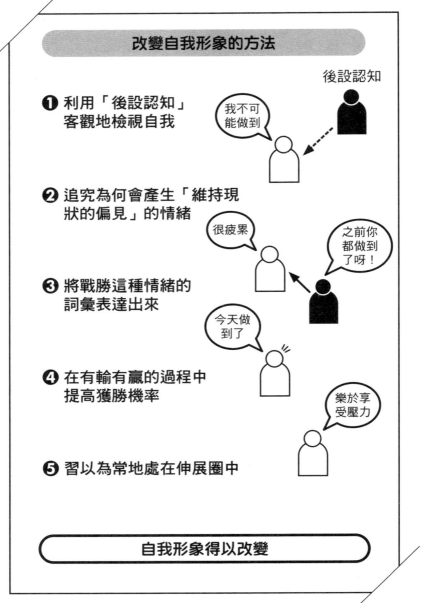

5.5 目標達陣高手的思考方式

一次又一次達成高目標的目標達陣高手，在每天的工作及生活當中，對於目標的達成其實沒有太強烈的意識。或許你會認為這種情況很矛盾，不過事實真的是如此。

因此，在本章的最後，我想要說明的是：一次又一次達成目標的人，平常用怎樣的思考方式在工作及日子。

目標是為了「成長與貢獻」而存在

不擅於達成目標的人，是將達成設定好的目標本身當作目的。然而，目標達陣高手認為，目標的設定與達成，只是讓工作及人生得以成功的手段。

當然，他們也會想要完成所設定的目標，但其目的是為了「**要讓自己成長，為了幫助他人**」。

「去年度的銷售額是一千萬日圓，今年度要達到一千兩百萬日圓」、「要將體重減掉五公斤」、「這次活動的集客人數要達到兩百人」等，這些目標都是為了要把之前無法做到的事，或是現在無法立刻做到的事，在未來的某個時間點完成。

在目標達成之後，表示你做到了之前無法做到的事情，「收入增加了」、「變得更有魅力了」、「得到身邊的人的稱讚」等，一定會讓人有所成長並增添自信。

此外，達成目標之後獲得成長的，不只有自己。

自己達成了目標，獲得了成長，同時也會對某人有所助益。家人、職場的同事、公司、客戶、世人等，除了自己之外，有某人也會感到開心。「目標的達成會對某人有益」的這種有所貢獻的喜悅，會成為你挑戰更高目標的原動力。

沒有達成目標並不丟臉

目標達陣高手就算沒有達成所設定的目標，也不會覺得丟臉。

「我們無法選擇結果，卻可以選擇行動」，若是竭盡所能地做了能做的事，縱使結果不如預期，他們會認為這也無可奈何。

由於「想要有所成長」及「有所貢獻」是達成目標的目的，因此，就算沒有達成目標數字，只要竭盡所能地去做，最後的結果有讓自己比以前更成長了一些，或是對某人有益的話，那麼這項挑戰就非常有意義了。

當然，你也要對目標為何沒有達成一事進行反省，並且立即改變思維，去思考「下次要怎麼做才能夠達成」。

總之，就是讓改善的PDCA循環快速運轉。

目標達陣並不是了不起的事

另一方面，目標達陣高手就算達成了高目標，也不認為這有多了不起。

周圍的人只看到他們達成目標時的成果而稱讚：「好厲害喔！真了不起！」然而，

由於**他們是對達成目標的路徑進行徹底的倒算後而制定出行動計畫，並且踏實地執行**

「只要去做就一定能做到」的行動計畫，因此對於自己所得到的成果，一點都不覺得有多了不起。

我也曾經有過這樣的經驗。

幾年前，我挑戰了一百公里的馬拉松，當我跑完全程時，周圍的人都稱讚我說：「好厲害喔！真了不起！」

其實，我以前很少運動，最初連三公里都跑不了，然而，有了跑全程馬拉松的經驗之後，我就決定要挑戰一百公里馬拉松，開始思考以一年為期的訓練課程，慢慢地將能夠跑的距離從六十公里拉長到七十公里，再到八十公里。

就連我這個從來沒想過要跑一百公里的人，都可以達成這個目標，就能知道只要跨越「維持現狀的偏見」這道高牆，下定決心去做，擬定好計畫並執行的話，無論是誰都能夠達成在他人眼中「好厲害！」的目標。

這件事還有後續發展。就在我跑完一百公里馬拉松之後的數日，我參加了熟識的

T社長的公司宴會。

T社長公司的業績持續成長，他發表了經營方針說：「去年度的業績是二十億日圓，今年度要達到四十億日圓，兩年後預定要達到一百億日圓。」

參與宴會的人無不讚歎道：「T社長好厲害喔！」但我知道，「T社長並不覺得自己很厲害」。

一百公里也好，一百億日圓也好，思維都是一樣的，一旦社長下定決心要達到一百億日圓的目標，接下來就是去倒算要怎麼做才能夠達成，然後制定行動計畫並執行而已。

我們都以為一般人是以加法的速度在前進，而目標達陣高手則有特異功能，總是用乘法的速度往上衝。殊不知，他們只是用比別人快好幾倍的加法的速度在前進罷了。

而且，當眼前的目標看似有望達成時，他們對這個目標的興趣就會變淡，腦中已經開始思考並模擬下一個更高的目標了。

成長也伴隨著風險

目標達陣高手會一直想要立刻採取行動。

因為他們認為「成功」的相反並非「失敗」，而是「不去行動」，因此，即便行動會帶來風險，他們也毫不猶豫。

不擅於達成目標的人，總認為隨便採取行動的話，一旦失敗就會後悔莫及，經常深思熟慮之後才要行動。然而，**目標達陣高手深知只要有行動的話，對於這個決定絕對不會後悔**。

人類具有「影響力偏誤」（Impact Bias）這項心理上的生存本能，其性質為：即使遭遇到感覺上非常大的失敗或不幸，本人所受到的打擊並不會如原本預期的那麼大，而能夠恢復原本的幸福感。

因此，人類對於「採取行動」這件事幾乎不會感到後悔，會後悔是對「沒有採取行動」而產生的情緒。

目標達陣高手的思考方式

- 目標是為了成長與貢獻而存在
- 沒有達成目標並不丟臉
- 目標達陣不是什麼了不起的事
- 成長也伴隨著風險

那些被稱為成功人士的人，一定經歷過許多失敗，但他們會異口同聲地說：「那是為了要成功所需的失敗。」

船井綜合研究所的創辦人船井幸雄，身為日本經營顧問之神，觀察了數萬名商界人士之後發現到：「人只有冒險去採取實際的行動，並且擔負起責任，才會獲得成長。」選擇不採取行動，表現出來的就是「不想要成功的自己」。雖然「維持現狀的偏見」的阻礙會讓你對於採取行動這件事備感壓力，但只要去行動，你就會有所成長，絲毫不會後悔的。

5

一生受用的「目標達陣大腦」養成法

重點摘要

❶「快速」地「行動」就會產生熱情

❷ 活用「想要幫助他人」的心意

❸ 找尋周圍的同伴和競爭對手

❹ 將自我形象轉換成「能夠達成目標的人」

❺ 目標達陣高手的思考方式
→目標是為了成長與貢獻而存在
→沒有達成目標並不丟臉
→目標達陣不是什麼了不起的事
→成長也伴隨著風險

6

帶領團隊達成目標的領導者需知

Goal Achievement
How to Get the Best Results

6.1 當團隊達成目標時，會有加倍的喜悅

到第五章為止，我說明了達成個人目標所需要的三個步驟。在最後這一章，我想要介紹領導者在團隊要達成目標時應扮演的角色和思考方式。

在個人想要達成目標的情況下，因為所有行動計畫都是自己可以掌控的，只要自己肯努力的話，就能夠達成目標。

如果是團隊要挑戰高目標的話，不論領導者再怎麼努力，如果無法將團隊成員的力量集結起來的話，是無法達到最終目標的。從這一點來看，團隊要達成目標的難度比較高。

不過，團隊目標與個人目標的不同之處，是團隊目標必然是「一旦達成的話，除了自己以外的人（＝團隊成員）也會開心的目標」，因此，在成員之間便會產生「不

輕言放棄、要貫徹到底」的熱情。如果自己中途放棄的話，會造成其他成員的困擾，因此也可以增強自我責任感。

團隊達成目標的三個步驟

團隊目標的達成是所有成員要共同承擔的，雖然會加倍辛苦，但是達成目標時也可以嚐到比自己獨自達成時多出好幾倍的喜悅。

即使專案（目標）完成之後，與成員一起同甘共苦的向心力、情誼與同伴意識，還是會一直持續下去吧！

高中時期一起參加社團的夥伴，還有大學時期共同參與研討會的同伴，能夠成為此後一生的朋友，並不只是因為相處的時間很長，而是曾經共同面對同一個目標，相互幫忙、扶持及勉勵的關係。

要達成團隊目標，基本上也是採用「樂觀地構思、悲觀地計畫、樂觀地執行」這三個步驟。

只是在團隊的情況下，有幾點需要注意，具體說明如下。

【第1個步驟】設定能夠達成的目標

- 設定會讓團隊成員興奮雀躍的目標。
- 設定兼具由上而下（Top-down）及由下而上（Bottom-up）的目標。
- 對於為什麼要達成這個目標，必須達成共識。

【第2個步驟】制定絕對能夠達成目標的實行計畫

- 要將目標徹底地告知所有成員。
- 賦予成員任務，使其遠離「維持現狀的偏見」。
- 與成員共同思考各自的職責。

【第3個步驟】讓成員可以堅持到目標達成

- 做好成員的進度管理，當計畫被打亂時要立刻修正。

- 保持成員的積極性。
- 打造團隊精神。

接下來，我將針對各個步驟，依序說明領導者需注意的要點。

團隊目標達成之流程

第 3 個步驟

- 做好進度管理並修正
- 保持成員的高度積極性
- 打造團隊精神

第 2 個步驟

- 要將目標告知所有成員
- 賦予成員任務，使其遠離「維持現狀的偏見」
- 與成員共同思考各自的職責

第 1 個步驟

- 設定會讓團隊成員興奮雀躍的目標
- 設定兼具由上而下及由下而上的目標
- 對於為什麼要達成這個目標，必須達成共識

6.2 兼具由上而下及由下而上的目標設定方式

不管是個人或團隊，設定目標的基本方式沒有什麼不同。

- **並非設定應該能達到的目標，而是「想要去做」的目標。**
- **設定可驗證的目標。**
- **將期限填入目標當中（連星期幾也要填進去）。**
- **目標不要訂得過高。**

這些都是設定目標的基本。

領導者要揭示令人興奮雀躍的目標

在設定團隊目標時，必須注意到一點，那就是領導者要設定會讓全體成員都感到興奮雀躍的目標。

假如社長宣布：「今年度的銷售額終於達到了一直以來所期望的十億日圓。明年度，請各位也要團結努力，繼續保持十億日圓的銷售額。」設定了與上一年度相同的銷售目標，員工會感到興奮雀躍嗎？

對員工而言，當自己所待的公司之未來也有持續成長的希望時，才會覺得值得在這家公司繼續做下去。若是社長覺得維持現狀就好，員工應該也不會想要「更加努力地工作」。

稻盛先生創立京瓷（當時公司名為京都陶瓷）之初，是在京都市中京區西之京原町這個地方，租借別家公司的倉庫來使用。

不過，從公司規模還小的時候開始，他就向員工喊話：「現在，我們要讓這家公司成為原町第一的公司，接著要成為中京區第一的公司，再來是成為京都第一的公司。成為京都第一之後，要成為日本第一。然後是成為世界第一。」

他揭示高目標，並且深信這個目標真的可以達成，讓員工熱血沸騰、團結一致，才因此造就了今日的京瓷吧！

目標並不一定是銷售額

另外，公司的目標不一定要設定為銷售業績目標。

針對銷售額不太高，或是成立還不算久的公司，若是規畫會讓團隊成長且令人興奮雀躍的未來銷售目標，來激勵團隊成員，會比較容易。因為要達成比前一年多一百三十%的銷售額，或是達成五年成長五倍的銷售額，這種大幅度的成長是很有可能的。

然而，如果是歷史悠久、市占率已經相當高的公司的話，要一下子提高銷售額是有難度的，如果將銷售額設定為目標的話，可能提不起員工的鬥志。

這時，如果你將目標設定成是：「今年度發售的新產品，要達到五千萬日圓的銷售目標」，或是「要讓我們公司的專業服務登上電視」，就能夠提高團隊成員的興奮感。不過，要注意的是，**對領導者而言是興奮雀躍的目標，不一定是成員也會感到興奮雀躍的目標。**

特別是在職場上，領導者容易著眼於銷售及利潤等數字上的目標。不過，近來重視「來自顧客的感謝」和「工作與生活的平衡」勝過銷售與利潤的員工，越來越多了。因此，如果你將目標設定成「顧客的問卷調查平均超過四分」或是「加班時間縮減三十%」的話也很好。

由於顧客滿意度和員工滿意度都提升的話，公司的銷售額與利潤理應也會增加，應該是會讓領導者及員工都充滿幹勁的目標。

所謂的「兼具由上而下及由下而上的目標」是什麼？

在設定團隊目標時，我經常被問到一個問題：「團隊目標是由誰，又是如何設定的呢？」

我以設定公司的銷售目標為例來做說明。

目標的設定方式有兩種。一種是領導者決定了之後告訴成員的「由上而下（Top-down）方式」，以及成員各自決定好目標之後，將這些目標集結起來成為團隊目標的「由下而上（Bottom-up）方式」。

這兩種方式都有其優點和缺點。

由上而下方式的優點是容易設定高一點的目標，但缺點是團隊成員會感覺「被上面的人強迫」，比較不會盡全力去做。

另一種由下而上方式的優點是，由於是成員自己決定的目標，容易產生當事者意識，但缺點是會優先思考能夠做的事而非想要做的事，所以不容易設定出高目標。

於是，我取這兩種方式的優點，**推薦將團隊目標以「兼具由上而下及由下而上方式來設定」**。

如果是由社長單方面決定銷售目標的話，員工會認為「這不可能做得到！」「不要擅自做決定！」等，也會感覺這是被強迫接受的目標，就提不起幹勁。

因此，首先讓下屬提出自己會盡全力達成的數字，以由下而上的方式先擬訂目標數字的草案。

接著，領導者檢視每位成員提出來的數字，對於那些「這個數字還不夠」、「還可以做到更多」的成員，要指導他們說：「不是設定你可以做到的數字，而是將想要做到的數字當成目標」、「如果你盡全力去做的話，能夠達到的數字不只有這樣吧？」同時要求他們再次重新檢討目標。

就這樣一來一往地調整，直到團隊成員想要達到的數字，與領導者認為可以做得到的數字一致為止。

藉由這樣的相互調整，成員就不會認為自己是單方面地被賦予目標，而會產生當事者意識，那麼即使設定的是高目標，達成率也會提升。

但是，以這種方式來設定目標的話，領導者與下屬之間要經過多次來回調整，得耗費比較長的時間才能完成目標的設定。

所以，在設定每年度的銷售預算等有固定達成期限的目標時，就必須要盡早開始檢討下一次的目標設定。

我會對自己擔任諮詢顧問的公司老闆建議，**對於公司下一年度的銷售目標（經營計畫），最遲要在今年度結束前的三個月開始檢討。**

我自己的公司是在十二月進行結算，因此我每年從十月開始，就會與團隊成員針對次年度的目標進行意見交換，如此一來，在新年度開始之初，所有團隊成員都會有經過深思熟慮的共同高目標了。

要確實告知設定這個目標的原因

在設定團隊目標時，還有一個領導者務必要做到的事，就是**要告知所有的成員：**

「為什麼我們必須達成這個目標。」

我們所設定的目標是為了要讓許多人開心，那麼向成員說明團隊目標的達成會讓誰開心，是領導者的責任。

具體而言，要告訴成員，如果達成目標的話，

❶對成員有何好處

❷對公司有何貢獻

❸會讓顧客和社會有多麼開心

下屬不太可能會為了那種心裡想著「如果公司賺錢的話，我的日子可以過得不錯」的社長、「如果部門可以拿到最高業績的話，自己就有望升遷了」的部長等上司，而用盡全力。

員工會充滿幹勁地認真去做的原因是，這樣一來自己能得到好處，或是真實地感受到他人會為此開心。

這幾點當中，特別是年輕員工，可能對於❸「為了公司而努力，會讓顧客和社會

也受益」這一點無法理解。

從事資源回收業的Y社長說：「我們的工作是為了防止家庭所產生的垃圾對自然環境造成破壞，是為了留給後代子孫一個適合居住的社會。營業額提升就表示我們保護著這個地球，所以大家一起加油吧！」

另外，從事保險代理人的S社長，在新年度開始之初對全體員工說：「身為一家支柱的人，只要有加入保險，即使受傷或生病了，其家人的生活也會得到保障。人壽保險是非常了不起的商品，它讓許多家庭可以安心地過日子。為了讓世人都知道它的好處，今年度我們公司的銷售額一定要達到一億日圓，讓更多家庭得到幸福。」

每個人都懷有「想要幫助他人」的公欲，因此領導者要傳遞給下屬的，不是只有「如果達成目標的話就能夠加薪，領年終獎金」這種滿足私欲的好處，**重點是，也要告知他們，可以讓自己的公欲獲得滿足的好處。**

6.3 同時告知行動計畫與「期待」

達成目標的第2個步驟是制定實行計畫。

如以下所述，在這個步驟上，大致與個人行動計畫的制定和思維相同。

- 徹底對目標達成的路徑進行倒算。
- 針對何時、何種狀態，來設置階段性目標。
- 按照商品（服務）或對象，將目標進行分類。
- 將絕對能做到的事加入行動計畫中。
- 為了以防「萬一」，要悲觀地構思

一邊提問，一邊告知行動計畫

要達成團隊目標的話，領導者就必須思考全體成員的行動計畫。要完成一個團隊的大目標，領導者需要十分清楚每個成員的專業領域和素質，思考任務的分配，進而制定行動計畫。

團隊目標的行動計畫與個人目標的行動計畫相比，當然會複雜好幾倍，也就更要動腦筋。

因此，與設定目標時一樣，在思考行動計畫時，也不是由領導者決定一切，而是要聽取成員的意見之後再來制定。這樣不僅可以提升成員的當事者意識，還有可能得到領導者自己沒有想到的好主意。

成員對於自己所思考出的行動計畫，會比被領導者賦予的行動計畫，更想要認真執行，這是無庸置疑的，因此，**對於希望成員去執行的行動計畫，領導者先不要說出口，而是用提問的方式問成員：「為了要達成目標，有沒有什麼好的行動計畫呢？」**

這樣一來會得到更好的效果。

例如，你在人才培訓公司任職，有一個目標是要增加兩成的企業會員，因此你正在思考以下的行動計畫：「將原本每個月舉辦兩次的講座，從今年開始倍增到每個月舉辦四次。」

此時，如果你對下屬說：「為了要增加兩成的企業會員，從今年度開始，我決定每個月舉辦四次講座。我想要你負責協調舉辦的日期，先將會場預約下來。」這樣的話，下屬可能會有被強迫去做的感覺。

你可以試著用提問的方式：「今年度開始要增加兩成的企業會員，如果是你的話，會怎麼做呢？」

如果對方回答：「將講座的舉辦次數增加兩倍的話，不知道可不可行呢？」這時，你緊接著說：「這個方法太好了！一定要去試試看！那麼就交由你負責了，希望你先將舉辦的日期和會場決定好。」如此一來，這位下屬一定會卯足全力地尋找會場。

要一遍又一遍地告知目標及行動計畫

在完成團隊目標的設定與行動計畫的制定之後，就要與全體成員共享，但這一項工作執行起來還滿有困難度的。

我在社長齊聚的演講會上，經常這麼問：「想要讓公司的營運變得比現在更好的人請舉手。」對於這個問題，幾乎所有社長都會舉手。

接著，當我問道：「已經明確決定好今年度銷售目標的人，請舉手。」這時大概有八成的社長會舉手。因為目標必須是可以驗證的，若是沒有明確的目標數字，公司的營運就不會好。

最後我會問：「那麼有將這個目標與全體員工共享的人，請舉手。」結果，舉手的社長人數銳減，大約只剩下三成左右。

不管位居上位者設定了多高的目標，多麼充滿幹勁，事實是公司的營運是一場團體戰，不是只靠老闆一個人就可以達成目標，還必須借助員工的力量。若是員工對目標和行動計畫不甚理解的話，達成目標的可能性可以說近乎於零。

還有，領導者通常將目標和行動計畫告知成員一次之後，就以為成員都已經都理解了，然而，只說明一、兩次的話，是無法將目標清楚地傳遞給成員的。

稻盛先生在京瓷哲學中有一條語錄是「要讓目標徹底地達到眾所周知」，指的是要讓全體員工將中間目標和行動計畫等，都確實地記在腦海裡，不管職場裡的哪位員工被詢問到，都必須要能立即說出目標數字。

領導者務必要一遍又一遍地告知目標及行動計畫，直到它們成為全體成員所共享的事項。

當然，你在告知時，請將下述內容一併傳達：「為什麼我們需要達成這個目標？」「達成目標之後會有什麼好處？」

將期待與頭銜告知成員

領導者在將目標與行動計畫告知成員時，**除了成員所擔當的任務之外，也一併告知對成員的期待以及適合他的頭銜，會得到良好的效果。**

任何人都有「希望得到身邊的人的期待」這種欲求，以及「被期待的話，就會變得有自信」這種習性。如果你能利用這種習性，就可以成功引導成員，使其成長。

例如，今年度的團隊銷售目標是一億日圓，領導者希望A可以達到其中的四千萬日圓。

如果領導者只對A說：「團隊的銷售目標是一億日圓，希望你可以負責其中的四千萬日圓。」A會認為「為什麼我要負責這麼多？」「去年我的業績是團隊第一名，年終獎金卻只領到一點點。」就可能覺得你又把責任都推給他。

不過，當你對他說：「這個團隊的王牌非你莫屬。今年度又要拜託你，真的很不好意思，可不可以請你做到四千萬日圓的業績呢？」這樣一來，結果會如何呢？

A會覺得自己被當成王牌且受到期待，而對自己更有自信。對於被賦予團隊中最高額的銷售業績目標，他也會感到高興，並且充滿幹勁地自我期勉：「來吧！今年也要為了團隊而努力！」

在你賦予成員頭銜之時，也傳達了你對他的期待，就能提升他的幹勁。

例如，要讓數名下屬負責銷售業務時，可以賦予他們「業務部第一課課長」、「業務單位領導人」這樣的頭銜。

對於需要思考並執行新銷售手法，或是要舉辦新產品的宣傳活動等這類有期間限定的工作，你在指派任務時，也可以考慮賦予成員「專案主管」、「工作團隊領導人」等這樣的頭銜，都有助於提升成員的幹勁與當事者意識。

告知指派任務的理由

領導者除了向成員傳達你對他的期待，也告知讓他負責這項任務的理由，會有更好的效果。

比如說，你想要讓原本隸屬會計部門的B，從今年度開始負責跑業務。

你沒有說明部門異動的理由，只告知他需要負責的工作內容：「今年度開始要讓你負責跑業務。希望你努力達到兩千萬日圓的業績。」B也許會認為：「我在會計部門一直都很努力地工作，為什麼要被調到業務部呢？」「難道我一直都不被期待嗎？」而產生誤解。

所以，你要清楚說明請他開始負責跑業務的理由：「我希望你將來可以成為公司的幹部。因此，我希望你除了會計工作之外，也能有業務方面的工作經驗，廣泛地了解公司的工作。」

如果你在說明理由時，也列舉出連他自己都沒有察覺的優點和優秀之處，更可以提高其認同感。

若是你向他說明：「我注意到你平常跟其他成員講話的樣子，覺得很少有人能像你那樣察覺到他人的感受。這樣的溝通能力最適合從事與客戶面對面說話的業務工作了。」那麼B就會在業務工作上更積極努力吧！

不僅如此，如果B被上司稱讚溝通能力很強的話，他也會產生「我是溝通能力很強的人」的自我形象，在無意識當中也會想要在客戶面前展現出社交能力，那麼B就可能在業務工作上有亮眼的成果表現。

6.4 成為別人願意聽從你指示的名教練

沒有人會平白無故地聽從你的指示

我之前有提過，擁有目標達陣大腦的人，都是無懼風險就採取行動，但若要達成團隊目標的話，不能這樣直接套用。

如同職棒等運動界中的一句俗話：「一名優秀的選手，不一定能成為優秀的教練。」優秀的選手與優秀的領導者不一定能劃上等號。

在進入執行團隊目標的第3個步驟之後，領導者要負責確認每位成員是否有按照決定好的行動計畫去執行，同時協助無法達到階段性目標的成員修正行動計畫等，進行行動計畫的PDCA循環，並且對成員做出指示。

所謂目標達陣高手的領導者，不僅要做出確實的指示，還要讓成員接受這項指示，心甘情願地執行。

也許大家會以為，只要領導者做出確實的指示，成員一定會遵照指示行動，其實不然。

具體而言，在下列的情況下，即使領導者做出確實的指示，成員也不會遵從。

❶成員認為領導者所說的不正確。

❷成員無意去聽領導者所說的內容。

人類的大腦具有「負責掌管理性的腦」（理性腦＝大腦皮質）以及「負責掌管感情的腦」（感性腦＝大腦邊緣系統）。

剛剛所提到的❶「認為領導者所說的不正確」，這是成員的理性腦無法認同領導者的指示，至於❷「無意去聽領導者所說的內容」，則是成員的感性腦不認同領導者的指示。

無論是哪一種情況，如果你認為：「我是領導者，下面的成員都要聽我的！」想要用地位、頭銜或權力來使成員服從的話，是行不通的。

我來提一下具體的應對方法。

首先，❶的情況是成員無法理解為什麼是這個目標、為什麼自己被分配到這樣的任務。因此，請將任務和行動計畫的必要性，還有這位成員的適任性與客觀的理由等，一併向成員說明清楚。

例如，下屬一直忙於接待潛在客戶，想要開拓客源，而你希望他增加對現有客戶的拜訪次數，這時，你要向他說明現有客戶的利潤率比新客戶還要高，而且若是由現有客戶幫忙介紹的新客戶，成交率也會比較高，你可以同時提出數據，來告知他沒有接待潛在客戶的必要性。

如果成員不信任你，就不會去行動

比較有困難度的是❷「無意去聽領導者所說的內容」。

成員不想聽領導者所說的話，是因為不信任領導者。

人們通常會接受自己信賴的人所說的話（不太會思考內容正確與否），而不會接受自己不信任的人所說的話（即使其內容是正確的）。

因此，你要成為一位受成員信賴的領導者，成員才願意聽從你的指示。

我身為律師、稅務士、經營諮詢顧問，一路走來看到了許多成功讓公司上市的社長，還有許多一次又一次達成目標的領導者。

能夠持續達成目標的領導者，當然都能得到成員強烈的信賴，而我注意到**受信賴的領導者有五個共通點**。

如果領導者能夠意識到這五點，一定可以讓成員心甘情願地聽從他所說的話。

1 傾聽別人說話

值得信賴的領導者，善於傾聽成員說話。

聽說被稱為經營之神的松下幸之助，是一位善於傾聽下屬說話的天才，而創建江戶幕府的德川家康，據說不論任何時候都會耐心地傾聽家臣說話。

下屬好不容易鼓起勇氣發言，卻在中途被打斷，或是在當下立刻就被否定的話，日後就不會再將心裡所想的事情說出口了。

特別是優秀的領導者，或是頭腦很聰明的、經驗很豐富的領導者，只要成員一開口說話，馬上就知道這位成員想要表達的內容，或是立刻判斷出這位成員的意見是錯誤的，因而在對方說到一半時打斷他，並開始講述自己的意見。

如果你能夠把對方的話聽完，稱讚對方願意提出意見，並且肯定成員的意見說：「沒錯！的確也可以這樣思考。」就可以提高成員對領導者的信賴感。

因此，不論何時，只要成員來找你說話，請你放下手邊的工作，仔細地傾聽成員說話。

2 始終如一

前後不一致的人，無法受人信賴。

嘴上說得煞有其事，做出的行為卻與說的不一致的領導者，成員看了只會心寒。最典型的例子是老闆說：「如果業績有提升的話，就幫大家加薪。」然而，當目標真的達成之後，老闆卻先拿來買豪華轎車。

此外，見人說人話、見鬼說鬼話的人，也不值得信賴。像是對上司就巴結奉承，對下屬就頤指氣使的領導者，或是對客戶就低頭陪笑，對員工就亂發脾氣的老闆，也不值得信賴。

還有，態度會隨著所遇到的事情改變的領導者，也不會受到信賴。成功簽定新合約時明明心情很好，卻在聽到有客戶客訴時，馬上又變得焦急煩躁，這樣也不行。

3 心懷感恩

值得信賴的領導者，口頭禪是「謝謝」、「全靠大家的幫忙」，而且會由衷地感謝成員的存在與努力。

你知道「謝謝」的相反詞是什麼嗎？

「謝謝」的意思是「難得、稀有」（譯注：謝謝的日文為「ありがとう」，漢字寫成「有難う」，其語源為「有難い」，意思為難得、稀有），其相反詞是「理所當然」。

我非常認同這一點。人在覺得非理所當然之時，就會心生感激。

一般而言，工作能力強的人，對於理所當然之事的認定標準也很高，在他成為領導者之後，對成員也會寄予厚望。

因此，他會對「為什麼連這樣的事情都做不來」、「為什麼說過了一次，你還是無法理解」等心生不滿，就無法感謝對方。

當你將理所當然之事的認定標準降低，學著思考「成員一起共同追求目標，並不是理所當然的事」、「下屬可以將工作完成到這種程度，並非理所當然的事」，你就能夠隨時心懷感激了。

另外，在你要將感謝說出口之際，出乎意料之外的強敵竟然是「害羞」。

有些領導者可以稀鬆平常地對客戶說出「謝謝」，來表達感謝之意，然而，面對下屬時卻說不出「真的很感謝」，這就是「害羞」這個情緒因素在作祟的證明。

特別是要對越親近的人表達感謝時，就越覺得害羞。像是對雙親、丈夫或妻子經常難以表達感謝，就是最典型的例子。

即使你會害羞，但只要表達過一次感謝，第二次之後就沒有那麼難以啟齒了。如果你可以降低理所當然之事的認定標準，不要被「害羞」打敗的話，就能夠成為對任何人都心存感激的領導者。

4 有很強的公欲

只想著自己要立功，或是想著達成目標是為了要出人頭地等，這種私欲很強的領導者也不值得信賴。

要讓成員的年終獎金增加、要讓公司成長、想要讓成員有所成長、希望對社會有所貢獻等，公欲越強的領導者越會得到成員的信賴。

我曾經協助過的那些讓公司成功上市的社長，每一位都是公欲很強的領導者。

像是「籌措資金，想辦法讓公司茁壯，希望成為一家對社會有所貢獻的公司」或是「成為上市公司，讓員工以在這家公司上班為傲」等，都是由於強烈的公欲而立志讓公司上市的社長，沒有一位是以「公司上市之後賣掉股票，來大賺一筆」這種想法為出發點的社長。

5 負起所有責任

那種會將無法達成目標的原因，或是無法順利進行的理由，歸咎在他人或團隊成員身上的領導者，也不值得信賴。能夠帶領團隊達成目標的領導者，不會將責任歸咎於他人，而是會自己負起所有責任。

我們無法輕易地改變他人，卻可以藉由改變自己，進而改變與他人的「關聯性」。自己的行動是可以改變的。

事情順利完成時，或是得到客戶的稱讚時，歸功於成員的功勞，而當不好的結果發生時，或是有客訴時，能夠率先擔負起責任的領導者，當然會獲得成員的信賴。

值得信賴的領導者

❶ 傾聽別人說話

❷ 始終如一

❸ 心懷感恩

❹ 有很強的公欲

❺ 負起所有責任

6.5 能夠提升動力的五件事

當團隊旨在達成目標時，成員的動力與團隊的氛圍，對結果會有很大的影響。

請試想一下各球隊以奪冠為目標而舉辦的職棒賽事。在每年開幕之前，棒球評論家都會預測比賽結果的排名，卻幾乎不曾準確預測過。因為這是專業人士之間的比賽，在實力上沒有太過顯著的差距。排名在前面的球隊會持續取得連勝，排名在後的球隊還是維持連敗，原因也不是由於戰力的差異，而是受到團隊動力的影響。

在連續取得勝利的情況下，選手就會認為「我們應該還可以繼續贏球吧！應該可以奪冠吧！」而越來越有動力，進而發揮能力，但相對地，如果一直處在連敗的情況下，就會認為「今年已經沒有奪冠的希望了」而產生放棄的念頭，在激烈的比賽中就不會全力以赴了。

所謂的動力，是一種能夠讓自己跨越「維持現狀的偏見」的高牆，持續處於伸展圈中的能量。讓團隊成員高度地保持動力，也是追求高目標的領導者的重要任務。

提升動力的五個行動

為了提升成員的動力，激勵團隊的士氣，領導者應該要做五件事。

1 稱讚成員

沒有成員在受到領導者的稱讚之後會無動於衷的。

也許有些人在受到稱讚之後，不會將喜悅之情溢於言表，然而那只是因為他覺得不好意思，內心應該還是很高興的。

即使你所看到的盡是成員犯的錯誤，也不可以一味地責罵。**領導者要經常去發掘**

團隊成員值得稱讚的地方，即使是微不足道的小地方，也請你要隨時留心去稱讚他。

人類的大腦會不斷地接收到從五感傳來的大量資訊，若是要處理所有資訊，大腦的工作就會爆量，因此我們的腦幹有網狀活化系統（RAS），會對自己不需要的資訊進行阻絕，以管控資訊量。

若你只在意成員所犯的錯誤，那麼眼裡看到的就會只有他們的錯誤。

因此，多多留意成員有沒有值得稱讚的地方，發掘成員立下的功勞，那麼你的眼裡就都是成員的功績。

2 斥責成員

人在受到斥責時，會變得亢奮、情緒激動。

因為大腦有追求快樂的習性（希望被稱讚），也有想要避開不愉快（不想要被斥責）的機制。

當成員懈怠時，或是不遵從領導者的指示時，你有必要堅決地給予斥責。領導者若是默許成員不為團隊努力的態度，會造成其他成員的工作意願降低。

無法對成員嚴加斥責的領導者，無法帶領團隊成員達成目標。

只是，在責罵的方式上需要下一點工夫。

首先，你要先稱讚之後再責罵。

人在突然遭受到斥責時，就會出現退縮或是反抗的情感。因此，請在稱讚對方的功勞或是慰問對方的辛勞之後，再針對因其準備不足或是不夠注意、確認不足所導致的失敗，進行責備。

例如，「因為你是團隊裡思慮最周到、最有耐性的人，我才將會計事務交由你負責，卻發生這麼簡單的計算錯誤，這是怎麼回事？」或是「平常你總是比任何人都要早到公司來學習，我很佩服你。但是，你這次犯的卻是絕對不可以發生的失誤」等，先正面認可對方之後再給予斥責。

在斥責之後，你也要告知對他的期待，比如說：「因為我真的十分期待你的表現，才會將這個任務交給你，請務必想辦法挽救這個錯誤。」如此一來，成員會更積極地面對。

接著，你要嚴厲地斥責。

斥責時，最忌諱的是不夠徹底。當你在斥責時，請務必火力全開斥責到讓成員覺得無地自容。特別是當成員隨便敷衍的時候，若你這位領導者不嚴厲斥責的話，就不會被成員放在眼裡。

就如同稻盛先生所說的「**兼具兩個極端**」，同時具有父親般冷冽的嚴厲，以及母親般用愛包容的慈祥，是有必要的。

此外，你也要注意稱讚與斥責的比例。

雖然被斥責的這種不愉快的刺激，比起被稱讚的這種快樂的刺激，對大腦的立即影響更大，但若是你過度地給予不愉快的刺激，恐怕會讓成員喪失鬥志。

關於稱讚與斥責的最佳比例，有諸多說法。其中，二宮尊德的「若疼愛之，得教誨五、稱讚三、斥責二，使之成為好人」之說，可以當作參考。請試著實踐「多多稱讚，偶爾斥責」。

3 使其感覺到自己確實有成長

每個人都一定有想要成長的欲求。

如果成員確實地感覺到自己在成長的話，不僅動力會有所提升，也會對自己更有自信，並讓自己留在伸展圈中，發揮出超越以往的能力，加速自己的成長。所以，領導者有必要讓成員確實地感受到自己的成長。

具體而言，領導者要隨時留心地將成員成長的事實回饋給他。**要經常觀察成員有無比之前更成長的地方，一發現有成長之處，就立即告訴成員。**

例如，公司要舉辦的講座，原本的集客目標是三十人，實際上只來了二十人，這時，你要告訴成員的並不是「為什麼來的人數不到三十人」，而是：「雖然沒有達到目標人數，可是比起上次只有十人來參加，成長了兩倍！」

為了要讓成員確實地感覺到自己有成長，最快的方法是讓他多多累積成功的經驗。

因此，你不要突然賦予成員高難度或是需要耗費許多時間的課題，而是讓他從比較簡單且短時間內就可以完成的課題著手。

例如，你希望他達到的並不是「這個月要與一百人交換名片」這樣的中間目標，而是「在今天晚上的宴會上要與五個人交換名片」的行動計畫。

給予成員不會耗費太多時間的小課題，會比給他需要耗費大量時間完成的大課題，能夠累積更多的成功經驗，他受到稱讚的次數也會增加。

但若是課題太過簡單，成員即使完成了，也不會有成功的體驗感，因此，請掌控好給予成員適當負荷的課題。

另外，**為了要讓成員累積成功的經驗，「剛開始要仔細叮囑，等他熟練了就放手讓他去做」，這是最基本的。**

當成員經驗尚淺的時候，領導者必須要用心思叮囑成員，例如要詳細地指示做法，並且頻繁地確認等。

可是，當成員累積了經驗，抓住要領之後，領導者就不宜再對細節部分多加干涉了。一旦成員認為自己「被監視」、「不受信任」的話，就會收到反效果。

4創造團隊的向心力

想要高度地保持團隊的動力，領導者致力於團隊的團結也是有效的方法。

以團體運動來說，準備好整齊一致的制服，是最典型的團結表現方式，而工作上的團隊也可以有各種團結表現方式。

例如，以「完成中間目標」、「成員中有人簽定第一筆合約」等為理由，與平時同樣非常辛苦的團隊同伴一起舉杯慶祝，自然會提高團隊的向心力。

另外，有一個比較耍心機的方法，就是塑造共同的敵人，也能提高團隊的向心力。

例如，呼籲大家說：「一定要加油，絕對不要輸給隔壁的業務部門！」「達成目標之後，向老闆要一筆獎金！」「開發出比競爭對手更好的產品！」對於提升同伴意識也很有效。

5 保持微笑

這是非常簡單的一件事，只要領導者展現出愉悅感，就能夠讓成員的動力提升。

即使是在很辛苦或是遇到挫折時，領導者也不要忘記微笑，要經常讓成員看到你往達成目標的方向積極前進的姿態。

只要能夠經常留意這五點，你一定可以成為帶領團隊完成目標的理想領導者。

結語

我將自己所學、所實踐的，並且引導許多人邁向成功的「目標達陣方法」，全都毫無保留地寫出來了。

也許你剛開始實踐時會不太順利，但是在持續反覆實踐本書的方法之後，應該就可以親身體驗到，自己在不知不覺中已經能夠完成以前無法想像的目標了。

然而，最開心的時刻並不是達成目標的那一瞬間。

發覺到自己的無限可能，為了思考下一個目標而感到熱血沸騰的時刻，才是最開心的瞬間。

處在伸展圈的那份充實感，是無法取代的，一旦你體驗過後，就回不去舒適圈了。

只要一直勇於挑戰，人就會成長，即使失敗了也不會後悔。

日本在泡沫經濟崩潰之後，國內瀰漫著閉塞感。人口減少，財政瀕臨破產邊緣，儘管如此，仍然無法跨越「維持現狀的偏見」的障礙，停留在舒適圈中，將問題拖著不去處理，是當前日本的現況。

然而，我們存在著無限的可能。

我認為，只要多讓一個人知道在伸展圈中挑戰是多麼棒的一件事，就可以藉此讓這個國家重生並重拾信心，這個想法促使我決定出版這本書。

我真切地盼望嶄新的「令和」時代，會是一個美好的時代。

我身為未來創造諮詢顧問集團的代表，一直以來都致力於將身處伸展圈的好處傳遞給大眾，並且協助大家達成目標。

我們有舉辦許多讀書會，可以讓大家共同地積極設定目標，有興趣的話可以參考我們的網頁。

【未來創造諮詢顧問】https://mirai-consul.jp/

【S70's同世代經營者讀書會】https://s70s.net/

最後，我要由衷地感謝協助本書出版的相關人員。

首先是教導我領導能力以及目標達成之基本道理的稻盛和夫先生；將達成目標的心理學取向，以理論性方式教導給我的日本經營心理士協會的藤井耕司代表理事；一次又一次完成高目標，樹立典範讓我們參考的經營前輩們；觸發我出版本書的Next Service的松尾昭仁社長，從企畫到執筆都親切給予指導的日本實業出版社的安村純部長，還要感謝職場的同事和家人讓我有一個能夠專心寫作的環境。少了任何一位都無法完成這本書。

真的非常感謝大家。

目標絕對達成術

——目標達陣大師告訴你一定能實踐的目標管理術

（初版原書名：《把夢想當目標的人為什麼會失敗：目標達陣大師告訴你絕對能實踐的目標管理術》）

最高の結果を出す　目標達成の全技術

作　　者——三谷淳
譯　　者——黃瑋瑋
封面設計——張巖
內文設計——劉好音
特約編輯——洪禎璐
責任編輯——劉文駿
行銷業務——王綬晨、邱紹溢
行銷企劃——曾志傑、劉文雅
副總編輯——張海靜
總 編 輯——王思迅
發 行 人——蘇拾平
出　　版——如果出版
發　　行——大雁出版基地
地　　址——台北市松山區復興北路 333 號 11 樓之 4
電　　話——（02）2718-2001
傳　　真——（02）2718-1258
讀者傳真服務—（02）2718-1258
讀者服務 E-mail— andbooks@andbooks.com.tw
劃撥帳號 19983379
戶　　名 大雁文化事業股份有限公司
出版日期 2023 年 7 月 再版
定　　價 380 元
ISBN 978-626-7334-18-8

國家圖書館出版品預行編目資料

目標絕對達成術：目標達陣大師告訴你一定能實踐的目標管理術／三谷淳著；黃瑋瑋譯 . – 再版 . – 臺北市：如果出版：大雁出版基地發行 , 2023. 07
面；公分
譯自：最高の結果を出す 目標達成の全技術
ISBN 978-626-7334-18-8（平裝）

1. 目標管理　2. 成功法

494.17　　112011001